INTRODUCCIÓN A LA PROGRAMACIÓN EN MATLAB

PARA INGENIEROS CIVILES Y MECÁNICOS

DR. LUIS E. SUÁREZ
Depto. de Ing. Civil y Agrimensura
Universidad de Puerto Rico
Recinto Universitario de Mayagüez

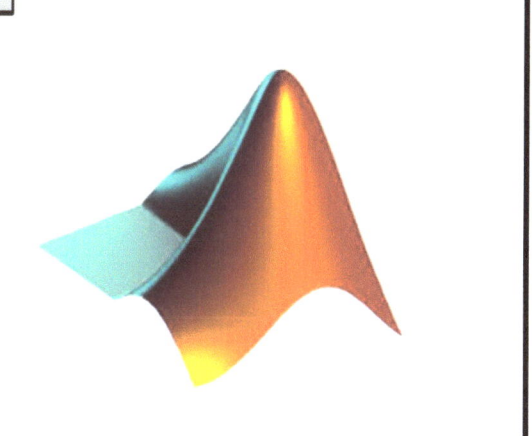

Introducción a la Programación en Matlab

para ingenieros civiles y mecánicos

Luis E. Suárez

Departamento de Ingeniería Civil y Agrimensura

Universidad de Puerto Rico en Mayagüez

Mayagüez, Puerto Rico 00681-9000

Reservados todos los derechos

Copyright © 2013, por Luis E. Suárez

Prohibida su reproducción parcial o total, sin la autorización expresa y por escrito del autor.

Diseño de cubierta:

Johanna Guzmán Castillo

Dibujos y diagramación:

Andrés Villarreal Arango

ISBN-13: 978-1490482392 (CreateSpace-Assigned)

ISBN-10: 1490482393

Primera impression: julio de 2013

CreateSpace is a DBA of On-Demand Publishing LLC, part of the Amazon group of companies

PREFACIO

El objetivo de este libro es transmitir de alguna manera a la nueva generación de estudiantes de ingeniería, en especial civil y mecánica, varios años de experiencia con Matlab. Toda mi vida profesional, comenzando como estudiante de pregrado, ha transcurrido en contacto con simulaciones numéricas, en especial dedicadas a estudiar el comportamiento de todo tipo de estructuras (desde edificios, pasando por represas, torres de transmisión, automóviles y equipos mecánicos, turbinas, y depósitos de suelos). Siempre he encontrado Matlab como la herramienta más útil para resolver los problemas numéricos asociados a estos temas. También uso el programa en mis cursos de Análisis Estructural y en especial en los cursos graduados Dinámica de Estructuras, Dinámica de Suelos y Dinámica Estructural Avanzada.

El libro supone que el lector tiene algún conocimiento mínimo de programación, en cualquier lenguaje. Si se desea usar los algoritmos preprogramados en Matlab para resolver problemas numéricos como hallar raíces de funciones, resolver sistemas de ecuaciones lineales, ecuaciones diferenciales ordinarias, problemas de autovalores, aplicar la transformada de Fourier, etcétera, no es necesario ser un experto programador pero es conveniente conocer lo básico. Este libro pretende transmitir más que los conocimientos básicos pero el objetivo al escribirlo no fue el de presentar un tratado sobre Matlab ni mucho menos. Básicamente el documento contiene todo lo que el autor encontró útil conocer de esta herramienta desde que se cambió del bando de FORTRAN a Matlab 3.5 en el año 1990.

El hecho de que muchas de las tareas se transfieran del programador al programa es lo que hace a Matlab tan versátil y atractivo como lenguaje de programación. Por ejemplo, si un programa requiere armar matrices, sumarlas y multiplicarlas, invertir una matriz, ordenar un arreglo de datos, hallar el máximo y muchas otras tareas similares, cada tarea se puede hacer con un solo comando muy simple. Además graficar los resultados de un problema es también una operación muy sencilla, sin necesidad de usar otro programa diferente para esto. También es posible usar Matlab como una calculadora sofisticada, usando la llamada área de trabajo (el ambiente similar a una hoja de papel de borrador que aparece cuando se abre el programa).

Las ya de por sí significativas capacidades de Matlab se pueden incrementar enormemente con los llamados "toolboxes" que son paquetes de programas y rutinas escritas en Matlab para resolver problemas especializados en muchas áreas de las ciencias e ingeniería. Otra ventaja del programa es la enorme cantidad de usuarios en todo el mundo. Este beneficio es debido a que los miembros de esta gran comunidad de usuarios escriben sus propios códigos para resolver problemas específicos y los comparte con otros usuarios.

Si bien Matlab es un paquete numérico, uno de los "toolboxes" ("Symbolic Math Toolbox") permite hacer manipulación simbólica, vale decir, por ejemplo, integrar o derivar o resolver ecuaciones en forma analítica. En este libro de carácter introductorio no se cubre este paquete de álgebra simbólica (ni tampoco ningún otro "toolbox").

Para aquellos usuarios que tienen conocimientos de otros lenguajes de programación, como el venerable FORTRAN, es común que surja la pregunta: ¿qué ventajas y desventajas tiene uno sobre el otro? Es una pregunta válida, pero no es del todo equitativa. FORTRAN es un lenguaje de programación mientras que Matlab, además de un lenguaje, es un entorno para computación numérica, con numerosísimas funciones y métodos numéricos preprogramados.

Otra pregunta válida y frecuente especialmente entre los escépticos, es si Matlab tiene alguna desventaja. Seguramente, como toda herramienta, método, algoritmo, dispositivo, y los mismos seres humanos, Matlab tiene limitaciones. Matlab es un lenguaje interpretado, vale decir que a diferencia de lenguajes compilados como FORTRAN, está diseñado para ser ejecutado a través de un "intérprete". Esto lo hace mucho más simple para el usuario pero también lo hace lento si se quiere correr un programa muy largo y complicado que haga numerosos cálculos. Si bien en mi experiencia personal nunca me he topado con un caso así, es probable que ocurra para algunas aplicaciones. No obstante, hay que mencionar que existe un "toolbox" de Matlab que actúa como compilador para traducir el programa común al llamado lenguaje de máquina. Y aún si se aceptan estas limitaciones, siempre se puede usar Matlab desarrollar un programa "prototipo" que luego se puede traducir a un lenguaje compilado.

La mayoría de los comandos presentados en el libro son compatibles con la versión R2011a. Es necesario prevenir al usuario que cuando salen nuevas versiones de Matlab, puede haber cambios menores en algunos comandos, o es posible que se introduzcan algunos nuevos.

Para concluir, debo agradecer a los numerosos estudiantes graduados con los cuales durante los pasados 20 años hemos aprendido juntos las bondades de Matlab.

Luis E. Suárez
Mayagüez, Puerto Rico
Julio de 2013

CONTENIDO

INTRODUCCIÓN 7

1 MANEJO DE VECTORES 10

   1.1 CREACIÓN DE VECTORES 10
   1.2 OPERACIONES CON VECTORES 16
      1.2.1 Producto de escalares y vectores: 16
      1.2.2 Suma y resta de vectores: 17
      1.2.3 Producto de vectores: 19
      1.2.4 Operaciones elemento a elemento: 22
      1.2.5 Funciones de vectores 25
      1.2.6 Funciones trigonométricas: 27
      1.2.7 Concatenación de funciones: 28
      1.2.8 Otras funciones para manejo de datos: 28
      1.2.9 Funciones estadísticas y otras funciones 31
      1.2.10 Manipulación de índices 34
      1.2.11 Eliminación de elementos de vectores 38

2 MANEJO DE MATRICES 40

   2.1 MATRICES ESPECIALES 44
   2.2 SUMA, RESTA Y PRODCUTO DE MATRICES 48
      2.2.1 Suma y resta de matrices: 48
      2.2.2 Producto de una matriz por un escalar: 50
      2.2.3 Producto de una matriz por un vector: 50
      2.2.4 Producto de matrices: 51
   2.3 OPERACIONES ELEMENTO A ELEMENTO: 53
      2.3.1 Producto: 53
      2.3.2 División: 53
      2.3.3 Exponenciación: 54
   2.4 OTRAS OPERACIONES MATEMÁTICAS CON MATRICES 55
      2.4.1 Comentarios adicionales sobre la solución de sistemas lineales de ecuaciones: .. 56
      2.4.2 El problema de autovalores 58
   2.5 MANIPULACIÓN DE ÍNDICES 61
      2.5.1 Cambio de las dimensiones de matrices 66

3 OTROS COMANDOS VARIADOS 68

   3.1 VARIABLE PREDEFINIDAS 68
   3.2 DIVERSOS COMANDOS ÚTILES 70
   3.3 EXPRESIONES LÓGICAS Y DE RELACIÓN 75

4 CONTROL DE FLUJO 77

   4.1 LOS COMANDOS IF /ELSEIF /ELSE 77
   4.2 LOS COMANDOS SWITCH /CASE /OTHERWISE 79
   4.3 OTROS COMANDOS DE CONTROL DE FLUJO 80
   4.4 LAZOS O BUCLES 81

5 COMANDOS GRÁFICOS 84

Prefacio

    5.1   Otros tipos de gráficos 93
    5.2   Gráficos en 3 dimensiones 94
        5.2.1   Gráficos de líneas 94
        5.2.2   Gráficos de superficies 95

6   VARIABLES Y ARREGLOS LÓGICOS 100

    6.1   Variables lógicas 100
    6.2   Arreglos lógicos 101
        6.2.1   Aplicación a gráficos de funciones 102
    6.3   Un poco de diversión: archivos de audio 105

7   ARCHIVOS "FUNCTION" 107

8   ENTRADA Y SALIDA DE DATOS 113

    8.1   Entrada de datos interactiva 113
    8.2   Importación y exportación de datos 114
        8.2.1   Guardando y recuperando el área de trabajo 114
        8.2.2   Exportación de datos 115
        8.2.3   Importación de datos 118
    8.3   Presentación de resultados con un formato determinado 121
        8.3.1   Impresión a un archivo: 123
        8.3.2   Lectura desde un archivo: 125
    8.4   Lectura de datos desde un archivo de Excel 127
    8.5   Almacenamiento de datos en un archivo de Excel 129

9   CÁLCULO NUMÉRICO USANDO MATLAB 130

    9.1   Raíces de funciones: 130
    9.2   Integración de ecuaciones diferenciales 134
        9.2.1   Los algoritmos ode 134
        9.2.2   Transformación a ecuaciones diferenciales de primer orden 134
        9.2.3   Forma general de los algoritmos ode 135
        9.2.4   Definición del sistema de ecuaciones diferenciales 137

10   EJEMPLOS DE PROGRAMACIÓN 140

    10.1   Tres programas sugeridos 140
    10.2   Comentarios sobre la programación en Matlab 142
    10.3   programas para resolver los problemas sugeridos 146
    10.4   Ejemplo de un programa de análisis matricial 151

ÍNDICE 163

INTRODUCCIÓN

Matlab es un lenguaje de programación científica de alto nivel originalmente creado por el Dr. Cleve Moler, matemático especialista en métodos numéricos, que comenzó a comercializarse en el año 1984. El nombre *Matlab* es una abreviación de la frase en inglés *Matrix Laboratory*. Inicialmente fue creado con el propósito de proveer una interfaz simple e interactiva a subrutinas para álgebra numérica (como la solución de sistemas de ecuaciones algebraicas y problemas de autovalores). La versión actual permite, además de esto, efectuar análisis y visualización de datos, computación numérica, y por supuesto, la programación. El programa original se puede complementar con 75 *"toolboxes"* (programas asociados para aplicaciones especializadas). La facilidad de programación de Matlab está asociada a que el programa libera al usuario de tareas administrativas de "bajo nivel" como declarar variables, darle valores iniciales, especificar tipos de datos, asignar memoria a las variables, compilar, etcétera.

En la medida de lo posible, cuando se resuelve un problema en Matlab se debe tratar de expresarlo en forma matricial. Al hacer esto se facilita enormemente la programación y el programa corre muy rápidamente, tan o más rápido que un programa tipo "ejecutable". Por supuesto, si bien muchos problemas se pueden expresar en forma matricial, hay otros en que no es posible hacerlo, en especial en casos que involucran análisis paso-a-paso en el tiempo. Aún en estos últimos casos Matlab puede facilitar el desarrollo de los programas, aunque el poderío reside, como se dijo, en el manejo de arreglos. Por lo tanto, y para aprovechar mejor Matlab, vamos a comenzar estudiando cómo se crean, manejan y hacen operaciones matemáticas con vectores y matrices, o sea con arreglos en una y dos dimensiones.

El área de trabajo

Cuando se abre Matlab la pantalla usualmente aparece dividida en tres o cuatro ventanas (dependiendo de cómo está configurado el programa). El aspecto de la pantalla puede cambiar con la versión de Matlab que se esté usando: en la siguiente página se muestra una pantalla típica al abrir Matlab. La más importante de estas ventanas es la que dice: **Command window**. El espacio en esta ventana se conoce "área de trabajo": allí podemos hacer cálculos rápidos, escribir comandos, asignar valores a variables, averiguar el valor de las variables, cambiarles el valor, entre otras tareas. El área de trabajo se usa además para presentar los resultados numéricos que generan los programas.

Si nuestra intención es escribir un programa que queremos usar en otra ocasión, o hacer cálculos más complejos, no debe usarse el área de trabajo, sino escribir los comandos en un archivo de texto. Estos archivos de texto se distinguen por la extensión "**.m**" y Matlab los llama precisamente *"m-files"*. Todo lo escrito en el área de trabajo y el valor de las variables se pierde cuando se cierra el programa (a no ser que se usen comandos para guardar su contenido, pero aun así conviene guardar los comandos y variables en un archivo de texto). Por ahora, vamos a comenzar usando el área de trabajo para correr los ejemplos en estas notas.

Usualmente (al menos esa es la experiencia de quien escribe) solamente la ventana denominada **Current Folder** que muestra los archivos que hay en el directorio activo y especialmente la llamada **Command Window** son útiles. Se sugiere por lo tanto cerrar las otras dos (la que muestra las variables en memoria y el historial de los comandos emitidos.

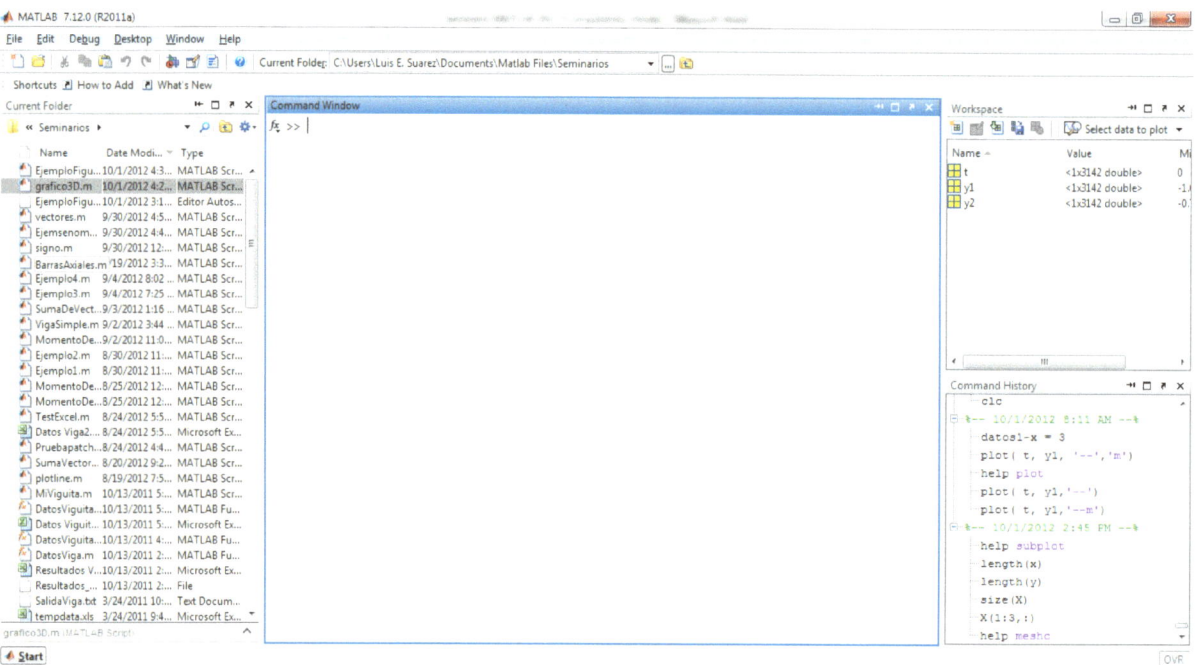

Vamos a definir dos variables (en este caso escalares) en el área de trabajo y luego hacer con ellas un cálculo sencillo. Por ejemplo, calculemos el momento de inercia I de una sección rectangular con base b y altura h. En el área de trabajo le damos un valor a la base y apretamos *enter*. Obtenemos:

>> b = 3

b =
   3

Luego ingresamos la altura h, presionamos *enter* (aceptar), y por último escribimos la fórmula del momento de inercia de área:

Introducción

$$I = \frac{b \cdot h^3}{12}$$

Matlab nos va a mostrar el valor de h y el resultado buscado:

\>> h = 12

h =

   12

\>> I = b*h^3/12

I =

   1440

Presionado la flecha del teclado [▲] aparecen todos los comandos que ingresamos en orden inverso (primero I, luego b y h). Esta propiedad es útil para evitar tener que reescribir todos los comandos anteriores, por ejemplo si queremos recalcular la inercia I usando otro valor de h.

1 MANEJO DE VECTORES

Dijimos que los comandos que tienen que ver con la generación y operaciones de vectores y matrices son los más importantes de Matlab. Comenzaremos entonces considerando los vectores, o sea un arreglo de números uno detrás del otro, o uno debajo del otro.

1.1 CREACIÓN DE VECTORES

1.1.1 Creación de vectores con datos suministrados por el usuario:

Un vector puede tener como elementos ya sea números o variables (identificadas por letras). Si el vector tiene variables, éstas deben estar definidas antes. De otra forma, cuando creamos el vector, el programa nos dará el siguiente mensaje de error:

??? Undefined function or variable

Por ahora vamos a crear vectores que contienen números.

Vectores fila:

Comencemos creando un vector *fila* ("row vector" en inglés). Este vector es equivalente a una matriz *1* x *n* (de una fila y *n* columnas). Por ejemplo, vamos a crear un vector fila llamado xr con cinco columnas. Esto lo podemos hacer de dos formas como se muestra a continuación.

Para informarle a Matlab que queremos crear un vector (o una matriz) debemos colocar los elementos entre dos corchetes: [ ]. Luego del primer corchete ingresamos los números (o las variables) separados por uno o más espacios en blanco, y terminamos de suministrar los datos con un corchete de cierre. Por ejemplo:

xr = [2 6 3 -8 2]

También se pueden usar comas (**,**) para separar los elementos del vector. En este contexto, con la coma (o con un blanco) le estamos diciendo a Matlab: "*pase a la siguiente columna del vector*". Para crear el vector fila xr usando esta opción escribimos:

xr = [2 , 6 , 3 , -8 , 2]

Manejo de Vectores

En cualquiera de los dos casos Matlab nos mostrará el siguiente resultado:

xr =
   2   6   3 -8   2

Es importante tener presente que Matlab hace diferencia entre los nombres de variables que empiezan con minúsculas de los que comienzan con mayúsculas (en inglés se dice que el programa es "*case sensitive*"). Esto quiere decir que para el programa, xr y Xr son dos variables diferentes.

Vamos a crear otro vector fila yr con cinco elementos para usarlo más adelante. Luego de escribir el nombre del vector es conveniente dejar uno o más espacios en blanco antes y después del signo igual (=), para facilitar la lectura:

yr = [-1 2 4 -5 1]

Matlab nos muestra el segundo vector como:

yr =
  -1   2   4 -5   1

Vectores columna:

A continuación vamos a crear un vector *columna*, vale decir un conjunto de números uno debajo del otro. Este vector es equivalente a una matriz de *n* x *1*. Llamaremos xc al vector. Aquí también podemos generar el vector de dos maneras:

Como antes, escribimos los números o variables que forman el vector entre corchetes pero ahora <u>*debemos*</u> separarlos entre sí con un "punto y coma" (;). Para Matlab el símbolo ";" en este contexto significa: "*pase a la siguiente fila*". Por ejemplo:

xc = [1 ; 6 ; 0 ; -2 ; 5]

También se puede obtener el vector columna creando un vector fila y transponiéndolo. Para transponer un vector (esto es, para que las columnas pasen a ser filas y viceversa) con números reales se usa una comilla simple (').

xc = [1 6 0 -2 5]'

En cualquiera de los dos casos, Matlab nos mostrará lo siguiente:

xc =
   1
   6
   0
  -2
   5

Vamos a crear otro vector columna yc que tenga 5 filas con el objetivo de usarlo más adelante:

yc = [0 ; 3 ; -1 ; 0 ; 5]

La variable auxiliar ans:

Si creamos un vector pero no lo guardamos en ninguna variable (o sea si no le asignamos un nombre específico) Matlab lo guardará en un variable provisional. Por ejemplo, si escribimos:

[0 ; 3 ; -1 ; 0 ; 5]

Matlab nos mostrará lo siguiente:

ans =
   0
   3
  -1
   0
   5

Esto significa que Matlab guardó el vector en una variable temporera llamada ans (por "answer", respuesta en inglés). Si luego creamos otro vector o cualquier otra variable sin asignarle un nombre específico, Matlab hará lo mismo: guardará la nueva información en ans y por lo tanto lo que había en la primera variable ans (la que contenía 0, 3, etc.) se habrá perdido.

1.1.2 Creación automática de vectores:

El método anterior es conveniente para crear vectores que contengan algunos datos específicos, por ejemplo los vectores podrían tener guardadas las áreas transversales de las barras de una estructura, las coordenadas de algunos puntos, etc. Sin embargo, para hacer uso de las capacidades para manejo matricial que tiene Matlab, frecuentemente es necesario crear vectores con elementos igualmente espaciados de manera automática (sin que el usuario tenga que proveer

Manejo de Vectores

todos los valores). Estos vectores también son útiles para graficar, cómo se verá más adelante. Para crear vectores en forma automática podemos proceder de dos maneras:

- *Creación de un vector con elementos igualmente espaciados*:

Para crear un vector fila con elementos igualmente separados se puede usar el comando linspace (por "linearly spaced"). Supongamos que queremos crear un vector fila que comience en -2, termine en 4, y que tenga diez elementos (incluidos el -2 y el 4). Podríamos hacer lo siguiente:

Indicamos el límite inferior en una variable, por ejemplo z0, y el límite superior en otra variable, digamos zn:

z0 = -2
zn = 4

Luego indicamos el número de puntos en el intervalo de z0 a zn. Este número de puntos lo podemos guardar en una variable n:

n = 10

A continuación creamos el vector fila con el comando linspace. Lo guardaremos en una variable llamada, por ejemplo, zr:

zr = linspace(z0, zn, n)

En lugar de usar variables como en el ejemplo anterior, los valores inicial, final y el número de elementos se pueden dar directamente como argumentos del comando linspace. En este caso simplemente hacemos:

zr = linspace(-2, 4, 10)

En cualquiera de los dos casos Matlab nos mostrará:

zr =

   -2.0000 -1.3333 -0.6667   0   0.6667   1.3333   2.0000   2.6667   3.3333   4.0000

Se habría obtenido el mismo vector zr si lo hubiéramos generado dándoles los valores que queremos que contenga (vale decir, de manera *no automática*). Para este ejemplo deberíamos usar:

Manejo de Vectores

zr = [-2 , -4/3 , -2/3 , 0 , 2/3 , 4/3 , 2 , 8/3 , 10/3 , 4]

Debe mencionarse que Matlab **no** muestra los números como fracciones. Esto quiere decir que a pesar de que en el caso anterior le dimos los elementos de zr como fracciones, el programa mostrará lo siguiente:

zr =

  -2.0000 -1.3333 -0.6667   0   0.6667   1.3333   2.0000   2.6667   3.3333   4.0000

- *Creación de un vector con un determinado incremento entre elementos*:

Para crear un vector fila en el cual se especifica el <u>incremento</u> entre sus elementos (y no el número de elementos) vamos a usar un comando al cual Matlab llama el *operador dos_puntos* ("colon operator" en inglés). Este operador tiene la forma general:

    valor_inicial : incremento : valor_final

Nótese que los tres argumentos deben separarse por dos puntos (" : ").

Supongamos que queremos crear un vector fila que contenga instantes de tiempo: que comience en el tiempo 0, llegue hasta 4 (por ejemplo, 4 segundos), y en el cual los instantes de tiempo estarán todos separados por un incremento fijo de 0.02 (segundos). Para esto debemos hacer lo siguiente:

Indicamos el límite inferior o valor inicial y el límite superior o valor final usando dos variables. También definimos el incremento (por ejemplo, con la variable **delta**).

t0 = 0
tf = 4
delta = 0.02

Luego generamos el vector y le asignamos un nombre (por ejemplo, t):

t = t0 : delta : tf ;

Supresión de resultados:

Nótese que en este ejemplo se ha colocado un punto y coma (**;**) al final del comando (luego de tf). Cuando se coloca un **;** al final de un comando le estamos diciendo a Matlab que cuando ejecute el comando *NO* muestre el resultado. Esto es útil cuando el vector (o una matriz) es muy grande y no queremos ver sus valores sino que nuestro objetivo es usarlo más adelante en el programa. Si **no** colocamos el punto y coma al crear **t**, el programa va a enseñar lo siguiente:

t =

Columns 1 through 11

    0   0.0200   0.0400   0.0600   0.0800   0.1000   0.1200   0.1400   0.1600   0.1800   0.2000

Columns 12 through 22

    0.2200   0.2400   0.2600   0.2800   0.3000   0.3200   0.3400   0.3600   0.3800   0.4000   0.4200

… etcétera, etcétera. En total nos va a mostrar 201 valores.

También se pueden crear vectores con un incremento fijo usando directamente valores numéricos para generar los vectores (vale decir, sin usar variables para definir el valor inicial, final e incremento). Para el ejemplo anterior usamos:

t = 0 : 0.02 : 4 ;

Veamos otro ejemplo donde se crea un vector pero no se da el argumento del medio (el incremento constante que llamamos **delta** o **0.02**). En este caso Matlab considera que este argumento faltante es igual a 1. Llamemos **t1** a este nuevo vector:

t1 = 0 : 4

El resultado es ahora:

t1 =
   0   1   2   3   4

El vector t1 se podría crear de forma no automática usando:

t1 = [0   1   2   3   4]

El comando que estudiamos (basado en el uso de los ":") siempre crea vectores fila. Si queremos crear un vector *columna* usando el operador dos_puntos, primero creamos un vector fila y luego lo transponemos.

1.2 OPERACIONES CON VECTORES

Una vez que hemos aprendido cómo generar vectores (en forma manual o automática) vamos a ver cómo podemos manipularlos, o en otras palabras hacer operaciones con ellos.

1.2.1 Producto de escalares y vectores:

Vamos a efectuar el producto de un escalar (guardado en una variable llamada cte) por un vector (usaremos el vector llamado xc creado anteriormente). Asignamos un valor a cte y luego hacemos el producto simplemente con un asterisco ("*"):

cte = 0.1

x1 = cte * xc

Esto produce un vector columna en donde cada elemento de xc está multiplicado por cte, o sea por 0.1. Recordemos que el vector xc contenía [1 ; 6 ; 0 ; -2 ; 5]:

x1 =

  0.1000
  0.6000
     0
 -0.2000
  0.5000

Veamos otro ejemplo usando una constante que ya está predefinida en Matlab: la constante π. Vamos a multiplicar todos los elementos del vector fila xr por π, que en Matlab se indica como pi:

x2 = pi * xr

Recordemos que xr contenía [2 , 6 , 3 , -8 , 2]. El resultado es:

x2 =

  6.2832   18.8496   9.4248 -25.1327   6.2832

Debe mencionarse que Matlab tiene otras constantes predefinidas que se mencionan en una próxima sección.

Manejo de Vectores

En este ejemplo Matlab nos mostró los resultados con cuatro decimales. Sin embargo, internamente usa muchos más. Más adelante vamos a ver cómo podemos pedirle al programa que presente los resultados con más (o menos decimales), o en notación exponencial, etc.

1.2.2 Suma y resta de vectores:

Para sumar (o restar) dos vectores simplemente se suman (o restan) los nombres de las variables que los identifican. Sin embargo, es importante tener en cuenta dos requisitos de álgebra:

Para poder sumar o restar dos o más vectores, éstos deben tener:

- *igual número de filas, o:*
- *igual número de columnas*

Por ejemplo, usemos los vectores fila xr y yr antes definidos. Para recordar qué contenía cada uno, escribimos sus nombres en el área de trabajo de Matlab y usamos enter:

```
xr =
   2    6    3   -8    2
yr =
  -1    2    4   -5    1
```

Sumemos los dos vectores y guardemos la suma en otro vector S1:

```
S1 = xr + yr
```

Obtenemos así:

```
S1 =
   1    8    7  -13    3
```

Si sumamos los dos vectores columnas xc y yc que creamos antes,

```
xc =
    1
    6
    0
   -2
    5
yc =
    0
    3
   -1
    0
    5
```

Manejo de Vectores

y guardamos el nuevo vector en S2,

S2 = xc + yc

obtenemos:

S2 =

   1
   9
  -1
  -2
  10

Si intentamos efectuar la suma del vector xr y el vector zr antes definido e igual a:

zr =
  -2.0000 -1.3333 -0.6667   0   0.6667   1.3333   2.0000   2.6667   3.3333   4.0000

y escribimos:

S = xr + zr

Matlab nos dará el siguiente mensaje:

??? Error using ==> plus

Matrix dimensions must agree.

El programa nos está diciendo que las dimensiones de las "matrices" deben coincidir (para Matlab todas las variables son matrices; aún los escalares son matrices de una fila y una columna). Por supuesto, el error se debe a que el número de columnas de los dos vectores no coincide (es 5 para xr y 10 para zr).

Es muy importante mencionar una limitación que no es tan obvia como la anterior. Notemos que si se intenta sumar o restar dos vectores que tienen *igual número de elementos* pero uno de ellos es un vector *columna* y el otro un vector *fila*, como por ejemplo:

Si intentamos sumar los vectores xr y yc antes definidos que tienen 5 elementos cada uno:

S = xr + yc

Manejo de Vectores

Matlab nos dará el mismo mensaje antes citado:

??? Error using ==> plus

Matrix dimensions must agree.

La explicación es que Matlab trata los vectores como si fueran matrices, y sabemos que para que dos matrices se puedan sumar, deben tener *igual número de filas e igual número de columnas.* Claramente los vectores xr y yc no cumplen con esta condición dado que uno es un vector fila y el otro es columna (aunque tengan igual número de elementos).

Si queremos sumar un escalar a todos los elementos de un vector, simplemente escribimos las dos cantidades que queremos sumar:

nuevoyc = yc + pi

A cada elemento de yc se le suma el valor guardado en pi y se obtiene:

nuevoyc =

   3.1416
   6.1416
   2.1416
   3.1416
   8.1416

1.2.3 Producto de vectores:

Para efectuar el producto de dos vectores, el usuario tiene varias opciones y por consiguiente hay que dedicarle más tiempo a este tema. Primero debe mencionarse que se pueden presentar distintos casos dependiendo si los vectores a multiplicar son del tipo fila o columna:

Dado un vector <u>columna</u> xc (con 5 columnas en nuestro ejemplo) y un vector <u>fila</u> xr (con 5 filas en nuestro caso), si multiplicamos ambos (en el orden indicado):

A = xc * xr

el resultado será una matriz A de tamaño 5 x 5 donde cada elemento *i,j* de la matriz se obtiene como: $A(i,j) = xc(i) \cdot xr(j)$:

Manejo de Vectores

A =

```
  2    6    3   -8    2
 12   36   18  -48   12
  0    0    0    0    0
 -4  -12   -6   16   -4
 10   30   15  -40   10
```

Esto se conoce en Matemática como *producto diádico* ("dyadic product" en inglés). Para visualizar mejor este concepto dejemos por el momento a Matlab y mostremos el producto usando la notación matricial usual:

$$\begin{bmatrix} 1 \\ 6 \\ 0 \\ -2 \\ 5 \end{bmatrix} \begin{bmatrix} 2 & 6 & 3 & -8 & 2 \end{bmatrix} \begin{bmatrix} 2 & 6 & 3 & -8 & 2 \\ 12 & 36 & 18 & -48 & 12 \\ 0 & 0 & 0 & 0 & 0 \\ -4 & -12 & -6 & 16 & -4 \\ 10 & 30 & 15 & -40 & 20 \end{bmatrix}$$

Vamos ahora a efectuar el producto de un vector fila por un vector columna en donde ambos tienen el mismo número de elementos. Usemos los mismos vectores del ejemplo anterior:

a = xr * xc

El resultado es ahora un escalar:

a =

 64

La razón por la cual se obtuvo un escalar es que multiplicar los dos vectores en ese orden equivale matemáticamente a hacer lo siguiente:

$$\sum_{i=1}^{5} \mathrm{xr}(i) * \mathrm{xc}(i)$$

Esto se conoce como el *producto punto* o *producto interior* ("dot product" o "inner product" en inglés).

Nótese que si se intenta hacer el siguiente producto usando el vector fila zr y el vector columna xc antes definidos:

B1 = zr * xc

Manejo de Vectores

Matlab nos dará un mensaje de error porque el número de columnas del primer vector zr (= 10) **no** es igual al número de filas del segundo vector xc (= 5). En particular, Matlab nos dice que:

??? Error using ==> mtimes

Inner matrix dimensions must agree.

Si usamos dos vectores *fila* (con igual número de elementos) para hacer el producto ocurre algo similar:

B2 = xr * yr

Obtendremos el mismo error que antes (Matlab nos dirá que las dimensiones interiores de las matrices deben coincidir) dado que el número de columnas de xr (= 5) **no** es igual al número de filas de yr (= 1).

Lo que intentamos multiplicar en este último caso es:

$$[2, 6, 3, -8, 2] * [-1, 2, 4, -5, 1]$$

Y por supuesto este producto matricial no puede hacerse por las razones antes indicadas.

Si en los productos anteriores que definían a B1 y B2 transponemos el vector apropiado, es posible hacer los productos puntos. Por ejemplo, si transponemos el vector yr, entonces el producto anterior (ilegal) se transformaría al siguiente, que es perfectamente válido:

$$[2, 6, 3, -8, 2] \begin{bmatrix} 1 \\ 2 \\ 4 \\ 5 \\ -1 \end{bmatrix}$$

Para hacer esto en Matlab debemos escribir:

B2 = xr * yr'

El escalar resultado del producto (= 64) se guardará en la variable B2.

Manejo de Vectores

1.2.4 Operaciones elemento a elemento:

Unos de los comandos más útiles de Matlab son las operaciones matemáticas *"elemento-a-elemento"*, o *"uno-a-uno"*, donde cada elemento de una columna (o de una fila) de un vector se multiplica o divide por el elemento en la correspondiente columna (o fila) del otro vector. Para identificar este tipo de operaciones Matlab usa un punto (.) *antes* del operador (multiplicación, división, exponenciación, etc.). Vamos a ver las operaciones elemento-a-elemento más comunes.

Producto uno-a-uno o producto elemento-a-elemento:

Supongamos que queremos crear un vector fila u1 multiplicando cada elemento de xr por el respectivo elemento de yr. Recordemos que estos vectores eran:

xr = [2 , 6 , 3 , -8 , 2]

yr = [-1 , 2 , 4 , -5 , 1]

Queremos crear un vector que contenga los siguientes elementos:

u1 = [2*(-1), 6*2, 3*4, (-8)*(-5), 2*1]

Usando el producto *"uno-a-uno"*, en Matlab esto se hace simplemente usando:

u1 = xr .* yr

Cada elemento de xr se multiplica por el correspondiente de yr y se obtiene:

u1 =
   -2   12   12   40   2

Lo esencial aquí es el punto (.) antes del signo de producto (*).

Para poder hacer el producto "elemento-a-elemento" de dos vectores se deben satisfacer las siguientes condiciones:

Los dos vectores deben tener el mismo número de elementos.

Los dos vectores deben ser ambos vectores fila, o

Los dos vectores deben ser ambos vectores columnas.

Manejo de Vectores

O sea que si se intenta multiplicar (uno-a-uno) los dos vectores fila xr y zr que definimos antes (recordar que xr = [2 , 6 , 3 , -8 , 2] y zr = [-2.0 -1.333 -0.667 0 0.667 1.333 2.00 2.667 3.333 4.0]):

w3 = xr .* zr

Matlab nos dará un error:

??? Error using ==> times

Matrix dimensions must agree.

Esto se debe a que el número de elementos de los dos vectores no coincide (xr tiene 5 columnas y zr tiene 10 columnas).

Por las condiciones antes citadas, notemos también que si se multiplica un vector fila por un vector columna, en donde ambos tienen igual longitud, por ejemplo:

u2 = xr .* yc

Matlab nos dará un mensaje de error porque en este caso las dimensiones no coinciden (la dimensión de xr es 1 x 5 y la de yc es 5 x 1).

Sin embargo, si se transpone uno de los dos vectores, digamos el segundo:

u2 = xr .* yc'

obtendremos como resultado un vector con igual tamaño que xr y que yc':

u2 =

  0 18 -3 0 10

En este caso matemáticamente Matlab hizo lo siguiente:

$\{x_r\} =$	2	6	3	-8	2
$\{y\}_c^T =$	0	3	-1	0	5
$\{u_2\} =$	$2*0 = 0$	$6*3 = 18$	$3*(-1) = -3$	$-8*0 = 0$	$2*5 = 10$

Manejo de Vectores

División uno-a-uno o división elemento-a-elemento:

Como sabemos de Álgebra, la división de vectores (y de matrices) no es una operación válida (vale decir, no está definida). Sin embargo, es posible hacer la división de cada elemento de un vector por el elemento correspondiente de otro vector que tenga igual dimensión (esto es, que tenga igual nro. de filas y de columnas). Por ejemplo, si hacemos:

v1 = xr ./ yr

Cada elemento del vector xr:

xr = [2 , 6 , 3 , -8 , 2]

se divide por el correspondiente elemento de yr:

yr = [-1 , 2 , 4 , -5 , 1]

y Matlab nos muestra:

v1 =

  -2.0000   3.0000   0.7500   1.6000   2.0000

Si se transpone el vector columna yc es posible, al menos en teoría, dividir elemento a elemento los vectores xr y yc:

v2 = xr ./ yc'

y se obtiene:

v2 =

   Inf   2.0000   -3.0000   -Inf   0.4000

Esto requiere una explicación. El término Inf (por infinito) resulta de querer dividir un número distinto de cero por otro igual a cero. En efecto, los vectores que le pedimos a Matlab que divida elemento a elemento eran:

[2 , 6 , 3 , -8 , 2]   y   [0 , 3 , -1 , 0 , 5]

Claramente, cuando Matlab va a dividir los dos primeros elementos tiene que calcular 2/0 y al dividir los cuartos elementos trata de hallar el cociente -8/0.

Manejo de Vectores

Exponenciación elemento-a-elemento:

Las operaciones elemento-a-elemento no se limitan al producto o cociente. Por ejemplo, en muchas aplicaciones es frecuente tener que elevar todos los elementos de un vector a una misma potencia:

Por ejemplo, elevemos al cuadrado cada elemento de xr (= [2 , 6 , 3 , -8 , 2]) usando un punto antes del tilde que indica la exponenciación:

w1 = xr .^ 2

El resultado es:

w1 =

   4   36   9   64   4

Elevemos a la potencia -3/4 = -0.75 a cada elemento del vector w1 que acabamos de calcular:

w2 = w1 .^ (-3/4)

Matlab nos entrega:

w2 =

   0.3536   0.0680   0.1925   0.0442   0.3536

Hay otras funciones matemáticas que se pueden aplicar a cada uno de los elementos de un vector (o de una matriz). A continuación se listan algunas de éstas.

1.2.5 Funciones de vectores

Las siguientes operaciones producen un vector de igual longitud que el vector dado. También son aplicables si en vez de un vector se usa un escalar.

Calculemos el logaritmo (neperiano) de cada elemento de un vector xa que definiremos a continuación. El resultado es:

xa = [9 , 5 , 2 , 1 , 10];

Manejo de Vectores

a1 = log(xa)

a1 =

    2.1972   1.6094   0.6931   0   2.3026

Obtengamos el exponencial de cada elemento del mismo vector xa, o sea $e^{xa(i)}$:

a2 = exp(xa)

a2 =

1.0e+004 *

 0.8103   0.0148   0.0007   0.0003   2.2026

El escalar 1.0e+004 multiplica a cada uno de los cinco valores que aparecen en la línea de abajo.

Computemos la raíz cuadrada de cada elemento de xa:

a3 = sqrt(xa)

a3 =

  3.0000   2.2361   1.4142   1.0000   3.1623

Calculemos el valor absoluto de cada elemento del siguiente vector yr:

yr = [-1 , 2 , 4 , -5 , 1];

a4 = abs(yc)

a4 =

  1   2   4   5   1

Si deseamos ordenar de menor a mayor los elementos del vector xa (= [9 , 5 , 2 , 1 , 10]) usamos:

a5 = sort(xa)

a5 =

  1   2   5   9   10

Manejo de Vectores

También podríamos querer ordenar el vector xa de mayor a menor. En este caso debemos usar una de las opciones que tiene el comando sort. Para ordenar un vector de mayor a menor (o en otras palabras de manera descendente) escribimos:

a6 = sort(xa, 'descend')

con lo cual obtenemos:

a6 =
   10   9   5   2   1

También se puede usar el comando sort en la forma sort(xa, 'ascend') para ordenar los elementos de menor a mayor (o en forma ascendente) pero por omisión (si no se especifica nada), Matlab supone que ésta es la forma que el usuario desea.

1.2.6 Funciones trigonométricas:

Matlab también posee todas las funciones trigonométricas preprogramadas. Algunas de las funciones trigonométricas disponibles se listan a continuación, en donde se usa como argumento un vector t (pero podría ser un escalar o una matriz). Al lado se explica lo que calcula cada una de las funciones.

a6 = sin(t)   % calcula el seno de cada elemento de "t" con los datos en *radianes*.

a7 = cos(t)   % calcula el coseno de cada elemento de "t" con los datos en *radianes*.

a8 = sind(xr)   % calcula el seno de cada elemento de "t" con los datos en *grados*.

a9 = cosd(t)   % calcula el coseno de cada elemento de "t" con los datos en *grados*.

b1 = tan(t)   % calcula la tangente de cada elemento de "t" con los datos en *radianes*.

b2 = cotan(t)   % calcula la cotangente de cada elemento de "t" con los datos en *radianes*.

b3 = tand(t)   % calcula la tangente de cada elemento de "t" con los datos en *grados*.

b4 = sinh(t)   % calcula el seno hiperbólico de cada elemento de "t".

b5 = cosh(t)   % calcula el coseno hiperbólico de cada elemento de "t".

También están definidas en Matlab las funciones trigonométricas inversas. El argumento (usaremos var como ejemplo) puede ser un escalar, un vector, o una matriz:

asin(var)	% calcula el seno inverso de "var" y da el resultado en radianes.
asind(var)	% calcula el coseno inverso de "var" y da el resultado en grados.
acos(var)	% calcula el coseno inverso de "var" y da el resultado en radianes.
acosd(var)	% calcula el coseno inverso de "var" y da el resultado en grados.
atan(var)	% calcula la tangente inversa de "var" y da el resultado en radianes entre $-\pi/2$ y $+\pi/2$.
atand(var)	% calcula la tangente inversa de "var" en radianes pero entre $-90°$ y $+90°$.

1.2.7 Concatenación de funciones:

Es importante señalar que todas las funciones de vectores antes definidas se pueden *concatenar*, vale decir aplicar una inmediatamente después de la otra. Veamos un ejemplo. Supongamos que deseamos calcular primero el valor absoluto de los elementos del vector yr y luego la raíz cuadrada. Primero usamos abs(yr) y a este vector le aplicamos el comando sqrt( ):

yr = [-1 , 2 , 4 , -5 , 1];

b6 = sqrt(abs(yr))

El resultado es:

b6 =

  1.0000   1.4142   2.0000   2.2361   1.0000

La concatenación no está limitada a sólo dos funciones como en este ejemplo: se puede seguir aplicando funciones, las que siempre se evalúan desde afuera haciendo adentro.

1.2.8 Otras funciones para manejo de datos:

Las funciones presentadas anteriormente nos deben resultar familiares porque son funciones de uso habitual en las Matemáticas. Matlab tiene otras funciones no estándar que pueden ser muy útiles cuando se escribe un programa dado que facilita mucho la tarea de la programación.

Estas operaciones o funciones producen un vector de tamaño variable, el cual depende de los datos. Algunas de ellas se muestran a continuación:

Supongamos que tenemos un vector, digamos zr, definido como sigue:

Manejo de Vectores

zr = [-2 , 4 , 0 , 0 , -3 , 0 , 10];

Queremos obtener los *índices* de los elementos de zr que son distintos de cero: observando a zr vemos que los elementos en las columnas 1, 2, 5 y 7 son distintos de cero. Para hallar estos índices en Matlab usamos el comando **find** como se muestra a continuación:

a0 = find(zr)

El programa nos dirá que el vector ao es:

a0 =

   1   2   5   7

También podríamos pedirle a Matlab que nos encuentre los índices de los elementos de zr que son mayores que cero. Observando el vector (= [-2 , 4 , 0 , 0 , -3 , 0 , 10]) vemos que las columnas 2 y 7 tienen elementos mayores que 0. Para obtener esto en forma automática con Matlab usamos el mismo comando **find** pero ahora le aclaramos que buscamos elementos > 0 de la siguiente manera:

b0 = find(zr > 0)

Se obtiene así:

b0 =

   2   7

Los dos comandos anteriores se pueden generalizar para buscar los índices de los elementos del vector que cumplan otra condición. Por ejemplo:

Si queremos hallar los índices de los elementos de zr (= [-2 , 4 , 0 , 0 , -3 , 0 , 10]) que son menores o iguales que 3 usamos:

find(zr <= 3)

Al escribir este comando en Matlab obtenemos:

ans =

   1   3   4   5   6

Manejo de Vectores

Para buscar los índices de los elementos de zr que son > 0 y al mismo tiempo < 3 usamos:

find(zr > 0 & zr < 3)

Nótese que para la unión de las condiciones usamos el símbolo & ("ampersand" en inglés), que en este contexto significa "*y*". Matlab nos dice que:

ans =

  Empty matrix: 1-by-0

Si miramos al vector zr = [-2 , 4, 0 , 0 , -3 , 0 , 10], vemos que no hay elementos que sean a la vez mayores que 0 y menores que 3. Por eso el programa nos dice que el resultado es una *matriz vacía* (recordemos nuevamente que para Matlab todas las variables son matrices).

Debido a que cuando se escribió el comando anterior no se le asignó ninguna variable a la operación, Matlab guarda el resultado en la variable auxiliar temporera **ans**. Como se mencionó en una ocasión anterior, esta variable es temporera porque si luego se hace otra operación también sin asignación, se va a perder lo que contenía la primera variable **ans** y ahora tendrá el resultado de la segunda operación.

En alguna ocasión podemos necesitar **invertir el orden de los elementos** de un vector columna. Esto se puede hacer con el comando **flipud** (por la frase en inglés "flip up-down").

Para observar el efecto de usar **flipud** definamos un vector columna x1:

x1 = [1 ; 2 ; 3 ; 0 ; 5 ; 6 ; 7] ;

Al usar el comando:

flipud(x1)

se obtiene:

ans =

  7
  6
  5
  0
  3
  2
  1

El comando anterior sólo cambió el orden de los elementos del vector **x1** (no los reordenó de mayor a menor o viceversa).

Si se requiere invertir el orden de un vector fila se debe usar el comando **fliplr** (por la frase en inglés "flip left-to-right": voltear de izquierda a derecha). Por ejemplo, para invertir el orden de los elementos del siguiente vector fila **xr**:

xr = [2 , 6 , 3 , -8 , 2];

escribimos:

fliplr(xr)

con lo cual se obtiene:

ans =

   2 -8   3   6   2

Al programar con frecuencia es necesario conocer el **número de elementos** que contiene un vector. Para esto existe el comando **length**. Este comando calcula la *longitud* (o "length" en inglés) de un vector fila o columna. Por ejemplo, usando el vector **xr** anterior:

nro = length(xr)

se obtiene:

nro =
   5

1.2.9 Funciones estadísticas y otras funciones

Hay una serie de funciones sencillas del área de Estadística que son muy útiles y se muestran a continuación. Estas operaciones o funciones producen un escalar si el dato o argumento es un vector. Usaremos el siguiente vector **t** para mostrar los primeros ejemplos:

t = -4.5 : 2.5

t =
   -4.5000 -3.5000 -2.5000 -1.5000 -0.5000   0.5000   1.5000   2.5000

Vamos a encontrar primero el valor máximo y el valor mínimo de los elementos del vector **t**:

tmax = max(t)   % encuentra el mayor elemento del vector "t", incluyendo los signos

tmax =

   2.5000

tmin = min(t)   % encuentra el menor elemento del vector "t", incluyendo los signos

tmin =

   -4.5000

Si queremos calcular el máximo elemento de un vector **en valor absoluto** hay que concatenar (vale decir, unir) dos funciones, **abs** y **max**:

tmabs = max(abs(t))   % calcula el mayor elemento de "t" en valor absoluto

tmabs =

   4.5000

Calcular con Matlab el **valor medio** y la **desviación estándar** de los elementos de un vector es muy sencillo, usando los comandos **mean** y **std**, respectivamente. Por ejemplo, usemos el vector zr:

zr = [-2 , 4 , 0 , 0 , -3 , 0 , 10];

mzr = mean(zr)   % calcula el promedio o valor medio de los elementos del vector "zr"

mzr =

   1.2857

stzr = std(zr)   % calcula la desviación estándar de los elementos del vector "zr"

stzr =

   4.4240

Manejo de Vectores

Matlab tiene funciones preprogramadas para **sumar** y **multiplicar** entre sí **todos los elementos** de un vector. En ambos casos el resultado es un escalar.

Por ejemplo, para sumar todos los elementos del vector zr anterior usamos el comando sum:

zrsum = sum(zr)

El resultado es:

zrsum =

   9

Para multiplicar entre sí todos los elementos de un vector existe el comando prod. Vamos a usar ahora el vector t (que no contiene ceros) para mostrar un ejemplo:

tprod = prod(t)   % multiplica entre sí los elementos del vector "t": t(1)*t(2)*t(3)*...

tprod =

  -12.3047

Combinando estas funciones se pueden definir otras útiles. Por ejemplo, calculemos la raíz cuadrada de la suma de los cuadrados de los elementos de un vector, digamos zr, que tiene n elementos:

$$R = \sqrt{\sum_{i=1}^{n} (zr_i)^2}$$

En Matlab escribimos:

R = sqrt(sum(zr.^2))   % calcula la suma de los elementos de "zr" elevados al cuadrado.

El resultado es:

R =

  11.3578

En realidad, en Matemática la ecuación anterior define la llamada "norma euclídea" o "norma-2" de un vector. Matlab tiene una función que calcula directamente esta norma (y otras). Simplemente usamos:

norm(zr)

y obtendremos el mismo resultado.

Manejo de Vectores

Hay dos funciones relacionadas a las recién presentadas: la **suma acumulada** y el **producto acumulado**. En estos casos el resultado es un vector en lugar de un escalar. Por ejemplo:

Dado un vector, digamos t, queremos obtener otro vector, por ejemplo sum_t, de igual dimensión que t y que contenga la suma *acumulada* de los elementos de t. O sea que cada elemento del nuevo vector se obtendrá como:

$$sum\_t(i) = \sum_{k=1}^{i} t(k)$$

Esto se logra en Matlab con el comando cumsum:

sum_t = cumsum(t)

El resultado es:

sum_t =

 -2.5000 -4.0000 -4.5000 -4.0000 -2.5000   0   3.5000

El otro comando, similar a cumsum, calcula productos acumulados. Supongamos que dado un vector (por ejemplo, t) queremos generar otro vector de igual dimensión que t y que contenga el producto *acumulado* de todos los elementos de t. Matemáticamente, cada elemento del nuevo vector (lo llamaremos prod_t) se calcula como:

$$prod\_t(i) = \prod_{k=1}^{i} t(k)$$

En Matlab esto se hace usando:

prod_t = cumprod(t)

El resultado es:

prod_t =

 -2.5000   3.7500 -1.8750 -0.9375 -1.4063 -3.5156 -12.3047

1.2.10 Manipulación de índices

Cuando se escriben programas es frecuente tener que extraer, modificar o borrar uno o varios elementos de un vector. La posición de estos elementos puede ser consecutiva, o en cualquier

Manejo de Vectores

orden. Matlab permite hacer las operaciones mencionadas de manera sencilla y ésta es una de las propiedades que lo hace particularmente eficiente para programar.

Si queremos **extraer** o **recuperar** un único elemento de un vector cuya posición en el mismo está indicado por un escalar (llamado *índice*), esto se puede hacer con el comando que tiene el siguiente formato general:

vector(indice)   % Matlab no acepta acentos, por lo que no podemos usar *índice*

Para presentar un ejemplo usemos el vector t que usamos antes:

t = [-4.5 -3.5 -2.5 -1.5 -0.5 0.5 1.5 2.5];

Recuperemos el segundo elemento de t y lo guardemos en el escalar t2:

t2 = t(2)

t2 =

 -3.5000

En muchas ocasiones necesitamos **recuperar elementos consecutivos** de un vector comenzando en un cierto elemento (en una cierta fila o columna) y terminado en otro elemento. Para esto podemos usar el comando u operador "dos_puntos" ("colon operator" en inglés). Recuérdese que ya habíamos usado este operador para generar vectores en forma automática. Si queremos recuperar el contenido de un vector comenzando desde el elemento *indice_1* hasta el elemento *indice_2* inclusive, debemos usar el comando con la siguiente forma:

vector(indice_1 : indice_2)

La idea central es que los índices inicial y final se deben separar con dos puntos ("**:**"). En este sentido es conveniente pensar que el símbolo " **:** " es una manera de decirle a Matlab: "*hasta*".

Guardemos en un vector a25 los elementos de t que van desde el segundo hasta el quinto elemento. Esto equivaldría a crear el vector de la siguiente forma:

a25 = [t(2) t(3) t(4) t(5)];

pero vamos a hacerlo en forma automática usando:

a25 = t(2 : 5)

a25 =

 -3.5000 -2.5000 -1.5000 -0.5000

Manejo de Vectores

También podemos **extraer elementos no consecutivos**, pero que están separados por una constante **k**. Por ejemplo, si queremos recuperar los elementos 1, 3, 5, 7, etc., **k** sería = 2. El siguiente comando general recupera los elementos comenzando con la fila (o columna) *índice_1* hasta la *índice_2* pero incrementando los índices en **k**.

vector(indice_1 : k : indice_2)

Vamos a extraer los elementos del vector t con índices impares, comenzado en el primero y terminando en el noveno (vale decir que el incremento debe ser 2). Alternativamente, esto se podría hacer de forma **no** automática como:

aimp = [t(1) t(3) t(5) t(7)];

Usando el operador "dos_puntos" escribimos:

aimp = t(1 : 2 : 7)

aimp =

   -4.5000   -2.5000   -0.5000   1.5000

Por último, también es posible extraer de un vector elementos con **índices arbitrarios** (no consecutivos ni separados por una constante). En este caso, los índices deben estar definidos en un vector, y luego usamos este vector como argumento. La forma general de estos comandos es:

indices = [indice_1 , indice_2 , indice_3 , índice_n]

vector(indices)

Vamos a ver un ejemplo de cómo recuperar elementos selectos (no consecutivos) del vector t. Por ejemplo, supongamos que queremos extraer el primero, segundo y quinto elemento de t. Esto se podría hacer de forma simple como:

a125 = [t(1) t(2) t(5)]

pero deseamos hacerlo de manera automática. Creamos primero un vector con los índices deseados y luego se lo damos como argumento a t:

ind = [1, 2, 5];

a123 = t(ind)

a123 =

   -4.5000   -3.5000   -0.5000

Manejo de Vectores

El comando vector(indice_1 : indice_2) también puede aparecer en el lado *izquierdo* de una asignación. Esto es útil cuando se necesita guardar información en *parte* del vector. Por ejemplo, supongamos que en el vector t necesitamos cambiar los valores de los primeros tres elementos: remplazar t(1) por -2, t(2) por 0 y t(3) por -3. Esto se hace de manera muy simple creando en el lado derecho un vector con los valores -2, 0 y 3 y luego guardándolo en t, pero no en el vector completo (nos daría un error) sino solamente desde t(1) hasta t(3). Recordemos siempre que ":" significa "hasta".

t(1 : 3) = [-2 0 -3]

t =

  -2.0000   0 -3.0000 -1.5000 -0.5000 0.5000 1.5000 2.5000

Nótese que Matlab hizo el cambio pedido en los tres primeros elementos y nos mostró el vector completo.

Podemos indicarle a Matlab qué elementos no consecutivos de un vector deseamos cambiar sin tener que crear antes un vector auxiliar con los índices de los elementos. Para esto directamente le damos como argumento los índices en un vector (lo cual implica que deben ir entre corchetes). Por ejemplo, coloquemos ceros en la 1ra, 2da y 7ma columna del vector t anterior:

t([1, 2 7]) = [0 0 0]

Obtenemos lo siguiente:

t =

  0   0 -3.0000 -1.5000 -0.5000 0.5000   0 2.5000

Hay una manera más eficiente de colocar ceros usando un vector especial llamado zeros que se introducirá en el siguiente capítulo, pero vamos a usarlo aquí. Como también se puede usar zeros para crear una matriz con ceros, este comando tiene dos argumentos que van entre paréntesis: el primero es el número de filas (1 en este ejemplo) y el segundo el número de columnas (3 en este caso). Para colocar ceros en las columnas 1, 2 y 7 del vector t de manera más eficiente escribimos:

t([1, 2 7]) = zeros(1,3)

El resultado es el mismo que el mostrado anteriormente.

Manejo de Vectores

1.2.11 Eliminación de elementos de vectores

Con alguna frecuencia, cuando se escriben programas, es necesario eliminar algunos elementos de un vector. Se debe aclarar que el objetivo es eliminar algunos elementos, y no colocarles ceros. Esto último se puede hacer fácilmente como se explicó al final de la sección anterior.

Supongamos que queremos descartar aquellos elementos que van desde el *indice_1* hasta el elemento *indice_2* inclusive. En el lado izquierdo del signo = seleccionamos estos elementos del vector y en el lado derecho colocamos dos corchetes sin nada entre ellos: [ ]. Este es el símbolo que se usa para indicarle a Matlab que debe borrar (eliminar) lo que se le indica en el lado izquierdo. La forma general del comando es:

vector(indice_1 : indice_2) = [ ]

Por ejemplo, supongamos que queremos eliminar el 4to, el 5to y el 6to elemento del vector t. Antes de usar el comando, vamos antes a volver a generar a t (porque la habíamos hecho algunos cambios):

t = [-4.5 -3.5 -2.5 -1.5 -0.5 0.5 1.5 2.5];

t(4 : 6) = [ ]

El resultado es:

t =

 -4.5000 -3.5000 -2.5000   1.5000   2.5000

Si se quiere **borrar elementos *no consecutivos*** de un vector, se debe primero crear un vector auxiliar que contenga los índices de los elementos que se desean borrar. Por ejemplo, vamos a borrar los elementos 1, 2 y 5 del vector t. Primero guardamos estos índices en el vector ind. Luego le damos a t como argumento este vector, y en el lado derecho colocamos los corchetes. Vamos antes a volver a crear el vector t dado que anteriormente le eliminamos algunos elementos.

t = [-4.5 -3.5 -2.5 -1.5 -0.5 0.5 1.5 2.5];

ind = [1, 2, 5];

t(ind) = [ ]

El programa nos muestra el nuevo vector t ahora con 5 elementos:

Manejo de Vectores

t =

  -2.5000 -1.5000 0.5000 1.5000 2.5000

En realidad no es estrictamente necesario usar un vector con los índices como el que llamamos ind. Los elementos del vector que nos interesa borrar (o hacer cero o asignarle otro valor, etc.) se pueden dar directamente como argumento, dentro de un vector.

Por ejemplo, repitamos el ejemplo anterior, vale decir eliminemos los elementos de t en las columnas 1, 2 y 5. Vamos antes a regenerar el vector t. Los índices de los elementos para borrar se deben especificar entre corchetes, dado que es necesario que formen un vector.

t = [-4.5 -3.5 -2.5 -1.5 -0.5 0.5 1.5 2.5];

zr([1, 2, 5]) = [ ]

El resultado es el mismo que antes por lo que no se mostrará.

2 MANEJO DE MATRICES

Matlab considera a los vectores como matrices de dimensión $n \times 1$ o $1 \times n$ (dependiendo si son vectores columna o fila). Por lo tanto, la mayoría de los comandos disponibles para manipular vectores que se estudiaron en el capítulo anterior (modificar algunos elementos, o eliminarlos, etc.) y para efectuar operaciones (sumas, productos, etc.) se pueden usar también para matrices de dimensión $n \times m$.

Antes de estudiar las operaciones matriciales es necesario aprender a generar matrices. Al igual que se hizo con los vectores, para crear matrices *siempre* se debe comenzar y terminar usando corchetes.

Supongamos que queremos crear en Matlab la siguiente matriz [A]:

$$[A] = \begin{bmatrix} 3 & 2 & 5 & 1 & 0 \\ 6 & 7 & 0 & 1 & -2 \\ 1 & -3 & 7 & 1 & 0 \\ 0 & 2 & 1 & 1 & -2 \end{bmatrix}$$

Las matrices se crean **por filas** comenzando y terminando con corchetes. Empezamos escribiendo los elementos de la primera fila separados por blancos o por comas (","). Cuando concluimos ingresando los elementos de una fila, para pasar a la siguiente fila colocamos un punto y coma (";"). Recordemos que cuando se crean vectores (y ahora matrices) el "**;**" significa: "*pase a la siguiente fila*". Vamos a crear la matriz A siguiendo estas instrucciones:

A = [3 2 5 1 0 ; 6 7 0 1 -2 ; 1 -3 7 1 0 ; 0 2 1 1 -2]

Matlab nos muestra lo siguiente:

A =

    3   2   5   1   0
    6   7   0   1   -2
    1   -3   7   1   0
    0   2   1   1   -2

Manejo de Matrices

Obviamente, el número de elementos en cada fila debe ser el mismo. Si nos equivocamos y todas las filas no tienen igual número de elementos Matlab dará el siguiente mensaje de error:

??? Error using ==> vertcat

CAT arguments dimensions are not consistent

Matlab usa el símbolo CAT para indicar "vertical concatenation". El programa nos dice básicamente que hay una inconsistencia en las dimensiones de la matriz.

También podemos crear matrices usando vectores definidos antes. Por ejemplo, tomemos dos vectores *fila* con igual longitud xr y yr:

xr = [2 , 6 , 3 , -8 , 2]

yr = [-1 , 2 , 4 , -5 , 1]

Colocando los vectores uno debajo del otro creamos una matriz con dos filas y tantas columnas como tengan xr o yr (5 en este caso). Los dos vectores deben separarse por un ";" y por supuesto debemos colocarlos entre corchetes:

B = [xr ; yr]

Matlab nos muestra la matriz:

B =
   2   6   3 -8   2
  -1   2   4 -5   1

Si colocamos los dos vectores fila uno al lado del otro (separándolos con una coma o blanco), vamos a crear una matriz con una fila y con tantas columnas como la suma de xr + yr (o sea 10 en este ejemplo). En realidad este arreglo se puede considerar como un vector fila (o como una matriz 1 x 10).

D = [xr yr]

D =
   2   6   3 -8   2 -1   2   4 -5   1

Consideremos ahora dos vectores *columna* xc y yc son con igual longitud:

xc = [1; 6 ; 0 ; -2 ; 5];

yc = [0 ; 3 ; -1 ; 0 ; 5] ;

Vamos primero a crear una matriz donde en cada columna estén los vectores dados. Esta nueva matriz tendrá entonces dos columnas y tantas filas como xc o yc (5 en este caso). Para hacer esto armamos una matriz con los dos vectores columna separados por una coma o un blanco:

C = [xc yc]

C =

    1   0
    6   3
    0 -1
   -2   0
    5   5

A continuación vamos a generar una matriz colocando el vector yc debajo del vector xc. Esta matriz tendrá una columna y tantas filas como la suma de xc + yc (10 en este caso). En realidad lo que vamos a hacer es crear un nuevo vector columna. Esto se logra simplemente colocando los vectores separados por un punto y coma:

E = [xc ; yc]

E =

    1
    6
    0
   -2
    5
    0
    3
   -1
    0
    5

Se puede también formar una matriz combinando otras matrices con vectores, por supuesto si tienen las dimensiones apropiadas.

Manejo de Matrices

Por ejemplo, podemos crear una matriz usando el vector columna yc y colocando a su lado la matriz C de 5 x 5 que creamos antes. La nueva matriz tendrá 5 filas (las mismas que yc o C) y 3 columnas (una por yc más las 2 de C):

Aa = [yc C]

Aa =

```
 0   1   0
 3   6   3
-1   0  -1
 0  -2   0
 5   5   5
```

Vamos a crear una matriz Ax con la matriz A que definimos antes (de dimensiones 5 x 5) seguida <u>abajo</u> por los elementos del vector xr (de dimensión 1 x 5). Para colocar xr abajo usamos un ";".

Ax = [A ; xr]

Se obtiene:

Ax =

```
3   2   5   1   0
6   7   0   1  -2
1  -3   7   1   0
0   2   1   1  -2
2   6   3  -8   2
```

También se puede crear una matriz combinando otras matrices. Por ejemplo, consideremos dos matrices que generamos antes, y coloquemos la matriz Ax de 5 x 5 al lado derecho de la matriz Aa de 5 x 3. Para esto escribimos las dos matrices en el orden deseado separadas por un blanco o una coma:

AA = [Aa Ax]

AA =

```
 0   1   0   3   2   5   1   0
 3   6   3   6   7   0   1  -2
-1   0  -1   1  -3   7   1   0
 0  -2   0   0   2   1   1  -2
 5   5   5   2   6   3  -8   2
```

Manejo de Matrices

2.1 MATRICES ESPECIALES

Hay una serie de matrices especiales disponibles en Matlab y que es importante conocer porque nos facilitan la programación. Por ejemplo, se pueden crear matrices con ceros, o con unos, o la matriz identidad. Vamos a describir aquí las más cuatro útiles y sencillas.

Dados dos números enteros positivos n y m,

Si n es un número entero positivo, para crear una matriz identidad (vale decir, con unos en la diagonal) de tamaño n x n se usa el comando eye:

eye(n)

El nombre de este comando se basa en un juego de palabras en inglés: en matemáticas la matriz identidad se suele identificar con la letra *i* mayúscula ([I]), que en inglés se pronuncia igual que *eye* ("ojo" en inglés):

Para generar una matriz cuadrada n x n llena de ceros, Matlab tiene la siguiente función:

zeros(n)

Si se desea crear una matriz cuadrada n x n llena de unos (1), podemos usar el comando:

ones(n)

Por ejemplo, si n = 3 el comando:

eye(3)

produce:

ans =

   1   0   0
   0   1   0
   0   0   1

Para crear la matriz nula (llena de ceros) usamos:

zeros(3)

ans =

   0   0   0
   0   0   0
   0   0   0

Y la matriz llena de unos es:

ones(3)

ans =

   1   1   1
   1   1   1
   1   1   1

Si se desea generar matrices no cuadradas, los comandos anteriores se pueden usar con dos argumentos. Por ejemplo, si n y m son dos números enteros positivos, Matlab puede crear matrices llenas de ceros y unos con los comandos:

zeros(n,m)   % crea una matriz detamaño n x m con ceros
ones(n,m)   % crea una matriz de tamaño n x m con unos

También se puede usar el comando eye con dos argumentos, pero si $n \neq m$ Matlab no puede crear una matriz identidad clásica (vale decir, cuadrada). Por ejemplo, si usamos:

eye(2,4)

El resultado es:

ans =

   1   0   0   0
   0   1   0   0

Una función que es útil para crear rápidamente una matriz para practicar, o para usar como ejemplo, es el comando **rand(n,m)** (por "random" o aleatorio en inglés). Éste genera una matriz con números aleatorios entre 0 y 1 (sin incluir 0 y 1) y con distribución uniforme. Por ejemplo:

rand(2,3)

Manejo de Matrices

ans =

   0.9575   0.1576   0.9572
   0.9649   0.9706   0.4854

Debe mencionarse que Matlab tiene otras matrices especiales más avanzadas que no se van a cubrir aquí (como la matriz de Pascal, la matriz de Hilbert, etcétera).

Otro comando de Matlab que facilita la creación de matrices es la función **diag**. Esta función tiene resultados distintos dependiendo de si el argumento es un vector o una matriz. Veamos primero el caso en que el argumento es un vector. La forma general del comando es:

diag(vector)

El efecto del comando es crear una matriz diagonal en donde en la diagonal se colocan los elementos del vector dado. El vector puede ser fila o columna. Por ejemplo, usemos el vector xr al cual lo volvemos a copiar abajo:

xr = [2 , 6 , 3 , -8 , 2];

Dd = diag(xr)

Dd =

   2   0   0   0   0
   0   6   0   0   0
   0   0   3   0   0
   0   0   0 -8   0
   0   0   0   0   2

Si el argumento de **diag** es una *matriz*, el comando crea un vector columna con los elementos en la diagonal de la matriz. La forma general es:

diag(matriz)

Generemos una matriz de 5 x 5 con números aleatorios para ver este comando en acción:

mat = rand(5)

vec = diag(mat)

Manejo de Matrices

Matlab nos muestra lo siguiente:

mat =

  0.0430 0.6477 0.7447 0.3685
  0.1690 0.4509 0.1890 0.6256
  0.6491 0.5470 0.6868 0.7802
  0.7317 0.2963 0.1835 0.0811

vec =

  0.0430
  0.4509
  0.6868
  0.0811

Hay que aclarar que si el lector usa el comando **rand** en su computadora, es muy improbable que obtenga la misma matriz **mat** que se muestra arriba, porque el comando **rand** usa una "semilla" para crear los números aleatorios y ésta va cambiando cada vez que se llama a **rand**.

Hay variaciones del comando **diag** cuyo uso por lo general no es tan frecuente, pero se menciona brevemente a continuación.

diag(vector,1)   % coloca al arreglo vector en la diagonal por arriba de la principal

diag(vector,-1)   % coloca al arreglo vector en la diagonal por abajo de la principal

El último comando sumamente útil para crear una matriz que vamos a estudiar se llama **transpose**. El argumento de esta función debe ser una matriz o vector. Como su nombre en inglés lo indica (o sea, "transpuesta" o "transponer") esta función calcula la transpuesta de la matriz dada. Recordar que la transpuesta $\mathbf{A}^T$ de una matriz $\mathbf{A}$ es aquella en donde las filas de la nueva matriz son ahora las columnas (y viceversa, las columnas son ahora filas). La forma general del comando es:

transpose(matriz)

Para ver un ejemplo, volvamos a crear la matriz A que usamos cuando comenzamos a estudiar matrices, y luego calculamos su transpuesta, a la que llamaremos At:

A = [3 2 5 1 0 ; 6 7 0 1 -2 ; 1 -3 7 1 0 ; 0 2 1 1 -2]

At = transpose(A)

Manejo de Matrices

La matriz original y la que se crea son:

A =

```
   3   2   5   1   0
   6   7   0   1  -2
   1  -3   7   1   0
   0   2   1   1  -2
```

At =

```
   3   6   1   0
   2   7  -3   2
   5   0   7   1
   1   1   1   1
   0  -2   0  -2
```

Hay una forma más simple y conveniente de transponer una matriz y es colocando una comilla simple luego del nombre de la matriz. En el ejemplo anterior sería:

At = A'

Sin embargo, hay que tener presente que esta forma corta de hallar la transpuesta sólo es equivalente al comando anterior si la matriz contiene *números reales*. Si la matriz, digamos **A**, fuese *compleja*, el comando **A'** calcula la llamada "transpuesta conjugada" (transpone los elementos pero al hacerlo los transforma a su complejo conjugado). Por ser éste un tema más avanzado no daremos más detalles. Si el lector no va a trabajar con números complejos no debe preocuparse de esto.

2.2 SUMA, RESTA Y PRODCUTO DE MATRICES

Para efectuar operaciones con matrices como la suma y producto, debemos seguir las reglas que conocemos de Álgebra. Por ejemplo, para sumar o restar dos o más matrices todas deben tener el mismo número de filas y columnas. Para multiplicar dos matrices, el número de columnas de la primera debe ser igual al número de filas de la segunda.

2.2.1 Suma y resta de matrices:

Para presentar un ejemplo, generemos primero dos matrices de 2 x 3 usando el comando **rand** que vimos anteriormente, y luego las sumamos. La matriz resultante se guardará en la variable S:

A1 = rand(2,3)

B1 = rand(2,3)

Manejo de Matrices

S = A1 + B1

Se obtiene:

A1 =
   0.8003   0.4218   0.7922
   0.1419   0.9157   0.9595

B1 =
   0.6557   0.8491   0.6787
   0.0357   0.9340   0.7577

S =
   1.4560   1.2709   1.4709
   0.1776   1.8497   1.7172

Como se mencionó anteriormente, el lector debe tener presente que si intenta usar los dos comandos **rand** en su computadora para generar las matrices A1 y B1, es muy improbable que obtenga las mismas matrices que se muestran arriba.

Vamos a usar como segundo ejemplo de la suma de matrices, una manera de crear una matriz simétrica. Recordemos que una matriz **A** es simétrica si sus elementos cumplen la condición de que es cuadrada (tiene igual número de filas que columnas) y además **A(i,j) = A(j,i)**.

Para mostrar el ejemplo vamos a crear una matriz 4 x 4 no simétrica que tenga 1 en sus dos primeras filas y 0 en las últimas dos filas. En la notación matemática usual queremos que esta matriz tenga la forma:

$$[A01] = \begin{bmatrix} 1 & 1 & 1 & 1 \\ 1 & 1 & 1 & 1 \\ 0 & 0 & 0 & 0 \\ 0 & 0 & 0 & 0 \end{bmatrix}$$

Para generar A01 podemos usar los comandos **ones** y **zeros** que vimos antes:

A01 = [ones(2,4) ; zeros(2,4)]

La matriz que se obtiene es:

A01 =

    1 1 1 1
    1 1 1 1
    0 0 0 0
    0 0 0 0

Ahora sumemos la matriz original y su transpuesta:

Asim = A01 + A01'

La nueva matriz es:

Asim =

    2 2 1 1
    2 2 1 1
    1 1 0 0
    1 1 0 0

2.2.2 Producto de una matriz por un escalar:

Supongamos que queremos crear una matriz de 4 x 4 con los números π. Primero creamos una matriz llena de unos (con ones(3,3)) y luego la multiplicamos (por adelante o atrás) por la constante predefinida pi:

Pi = pi * ones(3,3)

Pi =

    3.1416   3.1416   3.1416
    3.1416   3.1416   3.1416
    3.1416   3.1416   3.1416

Notemos que debido a que Matlab es capaz de distinguir mayúsculas de minúsculas, no hay ningún conflicto en llamar Pi a la matriz creada.

2.2.3 Producto de una matriz por un vector:

Para multiplicar una matriz por un vector, simplemente escribimos sus nombres separados por el signo de producto ("*"). Es importante recordar de Álgebra que para que el producto matricial

Manejo de Matrices

sea válido, se debe cumplir que el *número de columnas* de la matriz debe ser igual al *número de filas* del vector. El resultado del producto será un vector columna con el mismo número de filas que la matriz.

Para mostrar un ejemplo, vamos a crear un vector de 3 filas, que contenga unos en todos sus elementos y luego multiplicaremos la matriz Pi anterior por este vector:

uno = ones(3,1)

F = Pi * uno

El resultado es:

uno =
   1
   1
   1

F =
   9.4248
   9.4248
   9.4248

Evidentemente, el vector resultante contiene los valores 3π en sus tres filas, pues al multiplicar la matriz de π por unos, hemos sumado los elementos en cada fila. En la notación matemática usual hicimos:

$$\begin{bmatrix} \pi & \pi & \pi \\ \pi & \pi & \pi \\ \pi & \pi & \pi \end{bmatrix} \begin{Bmatrix} 1 \\ 1 \\ 1 \end{Bmatrix} = \begin{Bmatrix} 3\pi \\ 3\pi \\ 3\pi \end{Bmatrix}$$

2.2.4 Producto de matrices:

Supongamos que tenemos las siguientes matrices [L1] y [K] que queremos multiplicar:

$$[L1] = \begin{bmatrix} 1 & 0 \\ 0 & 1 \\ 0 & 0 \\ 0 & 0 \end{bmatrix} \quad ; \quad [K] = \begin{bmatrix} 20 & -20 \\ -20 & 20 \end{bmatrix}$$

Manejo de Matrices

Primero creamos las dos matrices, por ejemplo usando la función **eye** para L1 y el concepto de multiplicación de una matriz por un escalar para definir K. Luego las multiplicamos directamente como si fueran dos constantes cualesquiera:

L1 = eye(4,2);

K = 20*[1 -1 ; -1 1];

La nueva matriz tendrá 4 filas y 2 columnas:

L1 * K

ans =

   20 -20
 -20   20
    0   0
    0   0

Vamos ahora a calcular el triple producto de matrices $[L1][K][L1]^T$ y guardarlo en una matriz $[Kt]$. Nótese que tenemos que transponer la matriz $[L1]$:

Kt = L1 * K * L1'

La matriz Kt tendrá dimensiones 4 x 4:

Kt =

   20 -20   0   0
 -20   20   0   0
    0   0   0   0
    0   0   0   0

Si quisiéramos hacer el producto K*L1, Matlab nos daría un error, como es de esperar:

K * L1

??? Error using ==> mtimes

Inner matrix dimensions must agree.

Esto es debido a que el número de columnas de K (= 4) no coincide con el número de filas de L1 (= 6).

Manejo de Matrices

2.3 OPERACIONES ELEMENTO A ELEMENTO:

Las operaciones elemento-a-elemento o uno-a-uno para matrices son similares a las que estudiamos para los vectores en el capítulo anterior. El requisito para poder efectuar estas operaciones es que los números de filas *y* de columnas de las dos (o más) matrices deben ser iguales.

2.3.1 Producto:

Si tenemos dos matrices **A** y **B** con iguales dimensiones y llamamos **A**(i, j) y **B**(i, j) a los elementos en la fila "i" y columna "j" de las matrices, para crear una matriz **C** cuyos elementos sean **C**(i,j) = **A**(i,j) * **B**(i,j), podemos usar el producto elemento-a-elemento y escribir en Matlab:

C = A .* B

A manera de ejemplo, multipliquemos cada elemento de la matriz [K] que creamos anteriormente por los respectivos elementos de otra matriz [H] definida como sigue:

$$[H] = \begin{bmatrix} 0.1 & -0.1 \\ -0.1 & 0.1 \end{bmatrix}$$

En Matlab escribimos:

H = 0.1 * [1 -1 ; -1 1]

D = K .* H

D =

   2 2
   2 2

2.3.2 División:

La división entre matrices no está definida, pero sí podemos dividir entre sí cada uno de sus elementos (nuevamente las matrices deben tener igual dimensión). Vamos a dividir de esta manera las matrices K y H del ejemplo anterior:

E = K ./ H

E =

  200 200
  200 200

Manejo de Matrices

2.3.3 Exponenciación:

Supongamos que queremos elevar al cuadrado en forma individual a todos los elementos de una matriz **A**, vale decir queremos obtener otra matriz, por ejemplo llamada **B**, en donde sus elementos sean $B(i,j) = A(i,j)^2$. En Matlab esto se hace en forma muy sencilla usando el signo de exponenciación (el tilde: ^) con un punto adelante: B = A .^ 2

El exponente puede ser cualquier número real positivo o negativo. Por ejemplo, calculemos la raíz cúbica de los elementos de la matriz E del ejemplo anterior:

F = E .^ (1/3)

F =
   5.8480   5.8480
   5.8480   5.8480

Las funciones que vimos antes para los vectores también se pueden aplicar a todos los elementos de una matriz. Por ejemplo:

sqrt(A)   % calcula la raíz cuadrada de cada elemento de la matriz [A]

abs(A)   % calcula el valor absoluto de cada elemento de la matriz [A]

sin(A)   % calcula el seno de cada elemento de la matriz [A]

exp(A)   % calcula el exponencial de cada elemento de la matriz [A]

log(abs(A))   % calcula el logaritmo natural del valor absoluto de cada elemento de [A]

Las funciones anteriores actúan sobre cada elemento de la matriz. También hay una serie de funciones que actúan sobre la matriz completa, o sea no se aplican a cada elemento en forma individual. Alguna de estas funciones pueden no ser triviales y debe consultarse un libro de álgebra matricial para entender su significado. Por ejemplo:

G = A ^2   % calcula el producto de A por sí mismo, o sea equivale a [A]*[A]

H = A ^n   % calcula el producto de [A] por sí mismo *n* veces

K = expm(A)   % calcula la función exponencial matricial de [A]

Manejo de Matrices

2.4 OTRAS OPERACIONES MATEMÁTICAS CON MATRICES

Dada una matriz real [mat], podemos calcular su determinante o su inversa usando los comandos que se explican a continuación.

Para calcular el **determinante** de una matriz cuadrada [mat] usamos el comando:

det(mat)

Vamos a crear una matriz A simétrica para mostrar un ejemplo (el comando **det** no está limitado a matrices simétricas pero en muchos problemas de ingeniería las matrices son simétricas).

A = [200 -100 0 ; -100 180 -80 ; 0 -80 80]

det(A)

Se obtiene:

A =

  200 -100   0
 -100 180 -80
    0 -80   80

ans =

8.0000e+005

La respuesta (800,000) se guardó en la variable provisoria ans.

Para calcular la matriz inversa de una matriz cuadrada [mat], suponiendo que det(mat) ≠ 0, Matlab tiene el comando inv:

inv(mat)

Usemos la matriz A definida anteriormente para mostrar un ejemplo del uso:

Ainv = inv(A)

Ainv =

    0.01   0.01   0.01
    0.01   0.02   0.02
    0.01   0.02   0.0325

Manejo de Matrices

Uno de los comandos más útiles de Matlab es el que resuelve un **sistema de ecuaciones lineales** algebraicas. Dada una matriz cuadrada [A] y un vector de constantes {b}, para resolver el sistema [A]{x} = {b} y guardar el resultado en el vector {x} escribimos en Matlab:

x = A \ b

Vamos a definir un vector columna b con igual número de filas que la matriz A para presentar una demostración:

b = linspace(10, 90, 3)'   *% este comando para crear vectores se explicó en el Capítulo 1*

b =

  10
  50
  90

Queremos resolver el siguiente sistema de ecuaciones lineales:

$$200\,x_1 - 100\,x_2 + 0\,x_3 = 10$$
$$-100\,x_1 + 180\,x_2 - 80\,x_3 = 50$$
$$0\,x_1 - 80\,x_2 + 80\,x_3 = 90$$

A continuación simplemente escribimos el siguiente comando para resolver el sistema de ecuaciones:

x = A \ b

La solución x_1, x_2, x_3 queda guardada en el vector x de dimensiones 3 x1:

x =

    1.5
    2.9
    4.025

2.4.1 Comentarios adicionales sobre la solución de sistemas lineales de ecuaciones:

Es posible que la mayoría de los usuarios no necesite conocer más de lo que se presentó en la sección anterior cuando resolvió el sistema de ecuaciones. No obstante, el tema es más amplio y para aquellos lectores interesados en abundar más se presentan a continuación algunos comentarios sobre la solución de sistemas de ecuaciones lineales con Matlab.

Manejo de Matrices

A la operación x = A \ b Matlab la llama "left matrix division" (que se puede traducir como *división matricial izquierda*). También se puede usar, en vez del símbolo \ (la barra invertida o "backslash" en inglés) los comandos mldivide(A,b) o linearsolve(A,b).

Existe en Matlab otra operación llamada "right matrix division" (*división matricial derecha*), la cual se puede expresar de dos maneras: como A / b o bien como mrdivide(A,b).

Las diferencias entre ambas "divisiones" se pueden explicar de la siguiente forma. Si suponemos que A es una matriz cuadrada con determinante no nulo, entonces:

La división matricial izquierda x = A \ b es matemáticamente equivalente a hacer lo siguiente:

$$\{x\} = [A]^{-1}\{b\}$$

La división matricial derecha x = A / b es matemáticamente equivalente a calcular:

$$\{x\} = \{b\}^{T}[A]^{-1}$$

Esta definición tiene implicaciones: quiere decir que en este segundo caso el vector b que le damos como dato a Matlab debe ser un vector fila. Veamos una muestra de esta última operación. Usaremos la misma matriz y vector que en el ejemplo anterior, pero ahora al efectuar la operación debemos transponer el vector columna original:

y = b' / A

y =
    1.5   2.9   4.025

Otra condición que Matlab requiere para efectuar las dos operaciones anteriores es que el número de *filas* de la matriz [A] y del vector {b} sean iguales.

Si el número de filas m de la matriz [A] no es igual a su número de columnas n, entonces evidentemente la inversa $[A]^{-1}$ no existe y las expresiones anteriores no aplican. Sin embargo, en este caso si usamos el comando x = A / b, Matlab va a calcular la llamada *solución de mínimos cuadrados* ("least squares solution" en inglés). Explicar qué es en detalle esta solución está más allá del alcance de este texto, pero mencionaremos brevemente que esta solución es la que minimiza la longitud (o norma) del vector que se obtiene sustrayendo {b} del vector [A]{x}. Vale decir, el vector cuya norma se minimiza es: [A]{x}-{b}.

Manejo de Matrices

2.4.2 El problema de autovalores

En algunas áreas especializadas de la ingeniería, por ejemplo en el campo de las Vibraciones y Dinámica de Estructuras y en el área de la Estabilidad de Estructuras (o pandeo) es necesario resolver el llamado problema de autovalores ("eigenvalue problem" en inglés). Para aquellos lectores que tuvieron exposición a este tema, se recuerda que resolver un problema de autovalores consiste en hallar los autovalores λ_j y los autovectores $\{\phi_j\}$ que satisfacen las ecuaciones:

$$[A]\{\phi_j\} = \lambda_j \{\phi_j\} \quad ; \quad j = 1, 2, \ldots, n$$

donde n es el número de filas y de columnas de la matriz [A].

Para calcular con Matlab los autovalores de una matriz cuadrada cualquiera A y guardarlos en un vector lamda, escribimos:

lamda = eig(A)

Si por ejemplo usamos la matriz A que creamos antes,

$$[A] = \begin{bmatrix} -200 & -100 & 0 \\ -100 & 180 & -80 \\ 0 & -80 & 80 \end{bmatrix}$$

y escribimos este comando obtendremos:

lamda =

    19.275
    136.37
    304.35

Si queremos calcular los autovalores y también los autovectores de una matriz [A], debemos indicarle a Matlab en dónde debe guardar a ambos. Esto se hace escribiendo los nombres de las dos variables entre corchetes a la izquierda del signo igual. La forma general es:

[Phi, D] = eig(A)

Los autovectores se guardan en la matriz Phi y los autovalores en la diagonal de la matriz D.

Usemos la matriz A y calculemos sus autovalores y autovectores. Matlab entrega:

Manejo de Matrices

Phi =

   -0.31726   0.67112   -0.67003
   -0.57338   0.42702   0.69921
   -0.75537   -0.60601   -0.24932

D =

   19.275   0   0
      0   136.37   0
      0   0   304.35

Para extraer los autovalores y guardarlos en un vector (lo llamemos **lamda**) hay que usar el comando **diag** que estudiamos antes:

lamda = diag(D)

lamda =

   19.275
  136.37
  304.35

El comando **eig** tiene unas variaciones que se listan a continuación. La explicación de cada una se da como un comentario a la derecha del comando.

eigs(A)   % calcula los 6 (por omisión) mayores autovalores de [A] en valor absoluto.

eigs(A,k)   % calcula los "k" mayores (por omisión) autovalores de [A] en valor absoluto.

eigs(A,k,'sm') % calcula los "k" menores autovalores de [A] en valor absoluto. Las siglas 'sm' son las dos primeras letras de "*small*" (menor o pequeño en inglés). Las siglas sm **deben** ir entre comillas simples.

En algunas áreas de la ingeniería es más común tener que resolver el llamado "problema de autovalores *generalizado*". Este problema es similar al anterior pero involucra a dos matrices.

Si [A] y [B] son dos matrices cuadradas, el problema de autovalores generalizado es:

$$[A]\{\phi_j\} = \lambda_j [B]\{\phi_j\} \quad ; \quad j = 1, 2, \ldots, n$$

Manejo de Matrices

Para resolver este problema con Matlab simplemente le damos como argumento a **eig** las dos matrices A y B. La primera matriz es la de la izquierda (la que no está multiplicada por el autovalor λ_j). Si sólo deseamos calcular y guardar en un vector v los autovalores, el formato genérico es:

v = eig(A, B)

Si necesitamos calcular los autovalores **y** los autovectores, simplemente debemos informarle a Matlab las matrices en donde debe guardarlos. La primera matriz contendrá los autovectores y en la segunda matriz (que será una matriz diagonal) estarán los autovalores en su diagonal. Si luego queremos guardarlos en un vector, podemos usar el comando **diag** como en un ejemplo anterior.

Veamos un ejemplo de la solución de un problema de autovalores generalizado. Para ello vamos a crear otra matriz B. Esta matriz será diagonal porque en muchas aplicaciones así lo es (pero hay que aclarar que no es necesario que sea diagonal).

B = diag([0.3 0.3 0.2])

Guardaremos en la matriz U los autovectores y en la matriz diagonal D los autovalores.

[U,D] = eig(A, B)

Matlab nos entrega lo siguiente:

B =

```
    0.3      0       0
     0      0.3      0
     0       0      0.2
```

U =

```
  -0.67454    1.2769   -1.117
  -1.1895    0.50114   1.2912
  -1.4816   -1.4756   -0.79218
```

D =

```
   78.844      0        0
      0     535.85      0
      0        0      1052
```

Manejo de Matrices

2.5 MANIPULACIÓN DE ÍNDICES

Cunado estudiamos el manejo de vectores tuvimos oportunidad de apreciar la importancia de los comandos de Matlab para, mediante la manipulación de sus subíndices, modificar, recuperar o borrar el contenido de estos arreglos. Los comandados de Matlab igualmente permiten alterar, extraer o eliminar una parte de una matriz, lo cual es muy útil porque facilita la programación.

Dada una matriz [A], para ver, extraer o modificar el elemento en la fila "i" y columna "j" simplemente escribimos:

A(i,j)

Si queremos que Matlab nos muestre *toda* una **fila**, digamos la fila genérica nfila, usamos:

A(nfila, :)   % recupera todas las columnas de la fila "nfila" de la matriz [A]

Si deseamos hacer lo mismo con los elementos de una **columna** *completa* hacemos algo similar pero ahora especificamos la columna, digamos la ncol:

A(: , ncol)   % recupera todas las filas de la columna "ncol" de la matriz [A]

Si necesitamos copiar en un vector, cambiar o borrar toda una fila o toda una columna, también debemos usar los comandos anteriores A(nfila, :) y A(: , ncol) pero debemos complementarlo con otros dependiendo de qué queremos hacer. Luego veremos ejemplos de estos casos.

Si entendemos bien cómo trabajan estos comandos no tendremos dudas cuando los usemos, o no nos veremos obligados a repasarlos cada vez. La idea es la siguiente:

Tomemos una matriz cualquiera, como la primera matriz [A] que definimos y que se vuelve a mostrar abajo. Si queremos copiar la 3ra fila (**nfila = 3**) le decimos a Matlab "*ubíquese en la fila 3*" con la primera parte del comando: **A(3** . Nótese que el comando está incompleto…

$$[A] = \begin{bmatrix} 3 & 2 & 5 & 1 & 0 \\ 6 & 7 & 0 & 1 & -2 \\ 1 & -3 & 7 & 1 & 0 \\ 0 & 2 & 1 & 1 & -2 \end{bmatrix} \Leftarrow A(3,:)$$

Manejo de Matrices

Luego debemos especificar qué columnas de esa fila debe copiar. Si queremos que sean todas las columnas le decimos a Matlab "*ahora tome todas las columnas donde está ubicado*" con la segunda parte del comando: A(3**, :**). Vale decir en este caso los dos puntos (**:**) significan "todas las columnas".

El significado de A(: , ncol) es similar. Primero le decimos a Matlab: "*vaya a la columna **ncol***" con **A(** , **ncol)**. Luego le requerimos: "*tome todas las filas de esa columna*" con el resto del comando, vale decir con los dos puntos: A(**:** , ncol).

Por ejemplo: copiemos la fila 3 de la matriz A en el vector af3 y la columna 4 en el vector ac4:

A = [3 2 5 1 0 ; 6 7 0 1 -2 ; 1 -3 7 1 0 ; 0 2 1 1 -2];

af3 = A(3 , :)

ac4 = A(: , 4)

se obtiene, como esperamos:

af3 =

  1 -3 7 1 0

ac4 =

  1
  1
  1
  1

También podríamos querer **borrar una determinada fila o columna**. Nótese que no deseamos colocar ceros en esta fila o columnas (aunque esto también se puede hacer) sino eliminar totalmente la fila o columna (las dimensiones de la matriz se reducirán). Para lograr esto usamos los mismos corchetes que empleamos cuando borramos un elemento de un vector. Vale decir, para eliminar de una matriz [A] la fila nfila usamos:

A(nfila , :) = [ ]   % elimina todas las columnas de la fila "nfila" (borra esa fila)

Para eliminar una columna cualquiera ncol de una matriz [A] escribimos:

A(: , ncol) = [ ]   % elimina todas las filas de la columna "ncol" (borra esa columna)

Manejo de Matrices

Vamos a borrar primero la fila 3 de la matriz [A] anterior y luego la columna 4. La primera vez la matriz se reducirá de 4 x 5 a un tamaño de 3 x 5. Con el segundo comando la matriz quedará con dimensiones 3 x 4:

A(3 , :) = [ ]

A =

   3   2   5   1   0
   6   7   0   1 -2
   0   2   1   1 -2

A(: , 4) = [ ]

A =

   3   2   5   0
   6   7   0 -2
   0   2   1 -2

Los dos comandos anteriores **no** se pueden combinar, o sea si escribimos:

A(3 , 4) = [ ]

vamos a obtener un mensaje de error:

??? Subscripted assignment dimension mismatch.

Esto es lógico porque Matlab entendió que queríamos eliminar un solo elemento de una matriz (el de la 3ra fila y 4ta columna) y esto no es posible. Si pueden eliminar una o varias filas y columnas completas, pero no uno o unos cuantos elementos...

En otras ocasiones queremos extraer, cambiar o borrar varias filas (consecutivas o no) de una matriz. O por el contrario, podemos necesitar sacar, modificar o eliminar varias columnas de una matriz. Supongamos que queremos recuperar **todos** los elementos de una matriz desde una fila finic hasta una fila ffinal. Esto lo hacemos con el comando general:

A(finic : ffinal, :)   % extrae desde la fila "finic" hasta la "final" todas las columnas de [A]

Para extraer (cambiar, modificar, borrar) **todos** los elementos de una matriz comenzando en la columna cinic y terminando en la columna cfinal (inclusive) usamos:

Manejo de Matrices

A(:, cinic : cfinal)   % extrae desde la columna "cinic" hasta la "cfinal" todas las filas de [A]

Vamos a volver a generar la matriz A anterior y luego guardaremos en una matriz **a1_2** todos sus elementos desde la fila 1 a la 2:

A = [3 2 5 1 0 ; 6 7 0 1 -2 ; 1 -3 7 1 0 ; 0 2 1 1 -2]

A =

   3   2   5   1   0
   6   7   0   1 -2
   1 -3   7   1   0
   0   2   1   1 -2

Una vez creada la matriz guardamos las filas 1 y 2 en una nueva matriz:

a1_2 = A(1 : 2, :)

a1_2 =

   3   2   5   1   0
   6   7   0   1 -2

Es posible también extraer solo algunas columnas de las filas que especificamos. Por ejemplo, si queremos extraer los elementos desde la columna 2 a la columna 4 que están en las filas desde la 1 hasta la 3, hacemos:

A(1 : 3, 2 : 4)   % primero se indican las filas y luego de la coma, se indican las columnas

ans =

   2   5   1
   7   0   1
  -3   7   1

En algunas ocasiones las filas y columnas de una matriz que queremos extraer (o borrar, etc.) no son consecutivas como en el ejemplo anterior. Para proceder en este caso debemos primero guardar en respectivos vectores las filas y las columnas que nos interesan extraer, cambiar o borrar. Luego vamos a darle a Matlab estos vectores como argumento.

Supongamos que llamamos **af** y **ac** a los vectores que contienen los índices (o sea números enteros positivos) de las filas y columnas que queremos extraer, eliminar, etc. Luego, usando los nombres de estos vectores podemos, por ejemplo, extraer las filas y columnas de la matriz que nos interesan y guardarlas en una nueva matriz haciendo lo siguiente:

Manejo de Matrices

A1 = A(af,ac)   % crea una matriz con las filas en af y con las columnas que aparecen en ac

De forma similar, usando los vectores **af** o **ac** podemos eliminar las filas o las columnas de una matriz usando los siguientes comandos:

A(af, :) = [ ]   % elimina todas las filas en af y guarda el resultado en la misma matriz [A]

A(:, ac) = [ ]   % elimina todas las columnas en ac y guarda el resultado en la matriz [A]

Veamos un ejemplo concreto: supongamos que queremos eliminar las columnas 1, 4 y 5 de la matriz A que estamos usando como muestra. Vamos a colocar estos índices en un vector **elimc** (puede ser fila o columna, no tiene importancia) y luego le damos a Matlab este vector, en donde van las columnas de la matriz:

elimc = [1 4 5];

A(: , elimc) = [ ]

El resultado es:

A =

   2   5
   7   0
  -3   7
   2   1

Notemos que también podríamos haber logrado el mismo efecto usando:

A(: , [1 4 5]) = [ ]

Supongamos ahora que queremos que el programa nos informe cuál es el **ta**maño o dimensiones (número de filas y columnas) de la nueva matriz [A]. El **tamaño de una matriz** cualquiera (o de cualquier arreglo) se puede obtener con el siguiente comando:

size(A)

El resultado son dos escalares: el número de filas y el número de columnas. Cuando usamos este comando dentro de un programa usualmente queremos guardar el número de filas y columnas en dos variables. En este caso le damos a Matlab los nombres que queremos asignarle a estas variables en un vector *fila* (no se puede usar un vector columna):

Manejo de Matrices

[nf , nc] = size(A)   % guarda en los escalares nf y nc los nros. de filas y de columnas de A

Si escribimos esto para la matriz [A] que modificamos en el ejemplo anterior obtenemos:

nf =
    4
nc =
    2

2.5.1 Cambio de las dimensiones de matrices

En algunas ocasiones puede ser necesario transformar una matriz con unas ciertas dimensiones, digamos *m* x *n*, en otra matriz con dimensiones *nf* x *nc*. Esto se puede hacer con el comando **reshape**, el cual se usa de la siguiente manera:

Matmod = reshape (Matorig, nf, nc)

Este comando permite transformar la matriz original **Matorig** con dimensiones *m* x *n* en otra matriz **Matmod** con dimensiones *nf* x *nc*. Esto solo se puede hacer siempre y cuando los productos de las dimensiones sean iguales: *m* x *n* = *nf* x *nc*. Para reformar la matriz, Matlab copia los elementos de la matriz original comenzando *en una columna* y luego pasando a la siguiente columna. En este ejemplo la matriz modificada se guarda en **Matmod**, pero también podría guardarse en la original **Matorig**.

Si se desea convertir una matriz a un arreglo unidimensional (ya sea a un vector fila o un vector columna), se puede usar el comando **reshape** con nc = 1 o nf = 1. Sin embargo, es más sencillo usar el siguiente comando:

vec = Matorig(:)

Los elementos de **Matorig** se guardan comenzado en una columna y moviéndose hacia abajo fila por fila. El arreglo **vec** es un vector columna.

Si se desea guardar los datos de la matriz **Matorig** comenzando en una fila y moviéndose hacia la derecha *columna por columna*, se debe primero transponer la matriz y luego se usa la operación antes explicada. El arreglo resultante **vec** será un vector columna:

Matorig = Matorig'   % se transpone la matriz y se guarda la transpuesta con el mismo nombre

```
vec = Matorig(:)          % copia la matriz original pero transpuesta en un vector
```

Vamos a presentar un ejemplo. Vamos a generar una matriz [B] de 3 x 4 con números aleatorios entre 0 y 10, y luego guardarla en un vector {b}:

```
B = 10*rand(3,4)

b = B(:)
```

Se obtiene así un vector columna en donde se han guardado los elementos de B *columna por columna*:

```
B =

   8.9090   1.3862   8.4072   2.4352
   9.5929   1.4929   2.5428   9.2926
   5.4722   2.5751   8.1428   3.4998

b =

   8.9090
   9.5929
   5.4722
   1.3862
   1.4929
   2.5751
   8.4072
   2.5428
   8.1428
   2.4352
   9.2926
   3.4998
```

Si queremos guardar la matriz B comenzando por la fila 1, luego por la 2 y la 3, podemos usar:

```
B = B';

bf = B(:)
```

Esto producirá un vector columna con elementos 8.9090, 1.3862, 8.4072, 2.4352, 9.5929, etc. También se puede combinar los dos comandos anteriores en uno solo haciendo:

```
bf = B(:)'          % guarda los elementos de la matriz B fila por fila en un vector bf
```

3 OTROS COMANDOS VARIADOS

En este capítulo vamos a presentar una serie de comandos variados que no tienen un objetivo común pero que son muy útiles. Además vamos a comenzar presentando un conjunto de variables que están predefinidas en Matlab. Es importante conocerlas no sólo para usarlas, sino también para no cambiar involuntariamente su definición.

3.1 VARIABLE PREDEFINIDAS

Matlab tiene una serie de variables reservadas que tienen un valor predefinido. Estas variables son las siguientes:

i = unidad imaginaria, o sea $\sqrt{-1}$

j = unidad imaginaria (ésta es la notación preferida en ingeniería eléctrica)

pi = número π = 3.1415927…

Inf = infinito positivo = $+\infty$

NaN = número indefinido (son las primeras letras de la frase en inglés: Not a Number)

eps = número flotante más pequeño que puede manejar Matlab = $1/2^{52}$ = 2.2204 x 10^{-16}

Si bien el usuario puede cambiar estas variables, se recomienda no hacerlo porque puede conducir a resultados inesperados. Por ejemplo, si usamos la variable "i" como un subíndice o contador en un lazo, y luego queremos crear un número complejo, no obtendremos lo que deseamos. Por ejemplo, si hacemos:

i = 2

a = 4 + i*3

Tendremos como resultado a = 6 en lugar del número complejo 4 + i 3.

Este problema se podría resolver usando la otra unidad imaginaria disponible en Matlab, vale decir "j":

a = 4 + j*3

Si necesitamos volver a asignarle el valor original a la variable predefinida "i", se puede redefinirla usando:

i = sqrt(-1)

En las versiones más recientes de Matlab se recomienda definir un número complejo de la siguiente manera. Si a1 y a2 son dos constantes reales, para definir con ellas un número complejo, digamos C1, se recomienda ahora usar:

C1 = a1 + 1i*a2

O lo que es lo mismo,

C1 = a1 + a2*1i

Para entender mejor la diferencia entre Inf y NaN consideremos dos casos:

Si le pedimos a Matlab que calcule:

1 / 0

el resultado será Inf.

Si en cambio pedimos a Matlab que calcule:

0 / 0

el resultado es NaN.

Por supuesto, en la práctica no se nos ocurriría hacer estos dos cálculos, pero podrían ocurrir involuntariamente durante la ejecución de un programa.

3.2 DIVERSOS COMANDOS ÚTILES

Hay varios comandos generales que se pueden usar en el área de trabajo o dentro de un programa y que es conveniente conocer. A continuación se presenta una lista de los más comunes.

El comando clc:

Si queremos limpiar la pantalla del área de trabajo ("workspace") pero sin borrar los contenidos de las variables que están definidas al momento lo podemos hacer con el comando clc ("clear command window")

Los comandos clear y close:

Si deseamos borrar los valores de todas las variables activas hasta el momento usamos el comando **clear** (este comando borra las variables pero no limpia la pantalla).

El comando close tiene como función cerrar las ventanas con figuras. Si se escribe solo, borra la figura más reciente. Hay dos variaciones:

close all   % cierra todas las ventanas con las figuras activas

clf   % borra la figura actual pero deja la ventana que tenía la figura abierta

El comando ... (continuación):

En ocasiones un comando es demasiado largo como para poder incluirlo en una sola línea de un programa. En este caso, para continuar el comando en la línea siguiente colocamos tres puntos seguidos (**...**) para indicarle a Matlab que el comando sigue abajo. Por ejemplo, si tenemos que programar una ecuación complicada como la siguiente y para facilitar su lectura queremos partirla en dos líneas, usamos:

```
U = sin(wr*L/c)/wr^2 * sin(wr/c*x) * ( cos(wr*(t2-tp)) - sin(wr*t2)/(tp*wr)...
    sin(wr*(t2-tp))/(tp*wr) )
```

El comando help

Con frecuencia debemos buscar información sobre un comando o función de Matlab. Aun cuando estemos muy familiarizados con Matlab, es probable que nos olvidemos o tengamos dudas sobre cómo trabaja un comando, cuáles son los argumentos que hay que suministrarle o sus limitaciones, etc. Matlab tiene dos maneras de proveer ayuda. La más completa es presionando **Help** en la barra de comandos al tope de la pantalla. La manera más simple y directa es usando el comando help seguido del nombre de la función sobre la cual necesitamos ayuda.

Otros Comandos Variados

Por ejemplo, supongamos que queremos averiguar sobre el comando sqrt. Al escribir,

help sqrt

Matlab nos mostrará lo siguiente:

SQRT   Square root.

   SQRT(X) is the square root of the elements of X. Complex

   results are produced if X is not positive.

   See also sqrtm, realsqrt, hypot.

   Reference page in Help browser

      doc sqrt

Si queremos más información debemos presionar el enlace doc sqrt. Es conveniente por lo general sguir el enlace porque además de mayor información suele haber ejemplos de uso y consejos útiles.

El comando lookfor

Para poder usar el comando **help** se debe conocer exactamente el nombre de la función o comando del cual queremos información. Si no conocemos el nombre preciso de un comando pero sabemos el tema del mismo, podemos pedirle a Matlab que busque algún comando que esté relacionado al tema. Si el tema tiene más de una palabra, éstas deben colocarse entre comillas simples. Dependiendo del tema, Matlab puede demorarse varios segundos en entregar el resultado. Por ejemplo, el comando:

lookfor 'hyperbolic sine'

produce:

asinh   - Inverse hyperbolic sine.

sinh   - Hyperbolic sine.

Otros Comandos Variados

El comando disp:

Vimos en todos los ejemplos que si no colocamos el signo ; (un punto y coma) al final de un comando, Matlab siempre nos muestra el resultado junto con el nombre de la variable donde se guardó el mismo. Cuando programamos y queremos imprimir un resultado, usualmente deseamos colocar un título y luego mostrar el resultado o contenido de la variable, pero no necesariamente su nombre. Para hacer esto Matlab dispone del comando disp. Esta es la abreviatura de la palabra "display" ("muestre" en inglés).

Si queremos que Matlab nos muestre en la pantalla el valor de una variable var (pero no su nombre) usamos:

disp(var)

Para que Matlab nos muestre un texto (como por ejemplo, un título) debemos darle como argumento a disp este texto entre comillas simples:

disp('texto para imprimir')

Si deseamos que Matlab deje una línea en blanco para separar resultados o títulos, debemos darle a disp un texto en blanco. Como es un texto, debe ir entre comillas simples, y debe haber al menos un espacio en blanco entre las comillas:

disp(' ')

Veamos un ejemplo: consideremos la matriz K de 2 x 2 que habíamos usando antes. Queremos escribir esta matriz pero sin que Matlab nos muestre su nombre (K) sino sólo el contenido. Además queremos identificarla antes con un título y separar el título de los valores numéricos con una línea en blanco. Volvamos a generar la matriz y luego escribimos:

K = [20 -20 ; -20 20];

disp('*** Matriz de rigidez del elemento de barra ***'); disp(' ')

disp(K)

y obtenemos:

Otros Comandos Variados

*** Matriz de rigidez del elemento de barra ***

```
 20  -20
-20   20
```

Los comandos who y whos:

En alguna ocasión queremos ver todas las variables que están activas hasta el presente. Matlab tiene dos maneras de mostrarnos esto: con los comandos **who** y **whos**. Su función se explica en los comentarios:

who   % lista los nombres de todas las variables activas al momento.

whos   % lista todas las variables activas con su tamaño y tipo (real, compleja, etc.).

Por ejemplo, si lo único que hicimos en la sesión es crear la matrix K del ejemplo anterior y escribimos:

who

Matlab nos mostrará lo siguiente:

Your variables are:

K

En cambio, si escribimos **whos** obtendremos información más completa:

whos

Name	Size	Bytes	Class	Attributes
K	2x2	32	double	

El comando num2str:

Este comando puede resultar en primera instancia un tanto inusual y es posible que su utilidad no resulte evidente. El nombre de comando ("*number to string*") nos da una guía para entender su objetivo. La palabra **num2str** es una abreviatura y un juego de palabras en inglés: "num" proviene de "number" y "str" son las primeras letras de "string" (una "serie" o "cadena" en inglés). El número 2 significa "to" ("hacia" o "a" en inglés). La palabra "two" (dos) y "to" se pronuncian igual (o casi igual) en inglés. Con la palabra "string" en Matlab se identifica a una variable alfanumérica, vale decir formada por letras y números, a diferencia de las variables usuales (que son puramente numéricas).

Entonces, el comando **num2str(var)** convierte el valor numérico almacenado en la variable **var** en una variable alfanumérica ("string").

Este comando puede ser útil, por ejemplo, para escribir el título de una figura. Vamos a ver un ejemplo que nos dará una primera idea de su funcionamiento. Más adelante veremos otros ejemplos.

Vamos a crear un vector fila que contiene dos variables tipo "string". La primera es el siguiente texto: '==> Número de iteración = ' y la segunda es la variable alfanumérica num2str(iter) donde iter contiene un valor numérico:

iter = 7;

mensaje = ['==> Número de iteración = ', num2str(iter)]

Matlab nos enseñará lo siguiente:

mensaje =

==> Número de iteración = 7

También podemos imprimir este texto sin el nombre del arreglo (**mensaje**) usando el comando disp:

mensaje = ['==> Número de iteración = ', num2str (iter)];
disp(mensaje)

En este caso aparecerá en la pantalla:

Número de iteración = 7

Hay unas variaciones de este comando que se listan y explican a continuación:

num2str(var,n)   % convierte el valor numérico almacenado en la variable "var" en una variable alfanumérica con un total de "n" dígitos.

Otros Comandos Variados

int2str(var)   % redondea el valor de la variable "var" al entero más cercano y convierte el resultado en una variable alfanumérica ("string"). El nombre del comando está basado en la frase en inglés "integer to string".

Los comandos de manejo de tiempo

Matlab tiene una serie de comandos para medir el tiempo que lleva ejecutar un programa, otros para enseñar el día y la hora actuales, o el tiempo de CPU usado, etc. Solo vamos a mencionar tres de ellos:

tic   % pone a funcionar un cronómetro interno.
toc   % detiene el cronómetro interno y muestra el tiempo transcurrido en segundos.
datestr(now)   % muestra como un "string" el día, el mes, el año y la hora en formato de 24 hs.

3.3 EXPRESIONES LÓGICAS Y DE RELACIÓN

Matlab tiene una serie de operadores lógicos que son útiles para el control de flujo (por ejemplo en las sentencias "if" que veremos próximamente). Por control de flujo se entiende el orden en que se ejecutan los comandos en un programa de computadora. Los operadores lógicos son:

&   => *y lógico*

| => *o lógico*

<   => *menor que*

< =   => *menor o igual que*

>   => *mayor que*

> =   => *mayor o igual que*

= =   => *igual que*

~ =   => *distinto que*

Estos operadores se pueden usar para comparar dos variables (por ejemplo, si queremos saber si una variable es mayor que otra). Cuando se comparan variables, el resultado puede ser "verdadero" o "falso". En Matlab "verdadero" se indica con un **1** (uno) y falso con un **0** (cero). Por ejemplo, definamos una variable x y otra y. Para averiguar si x es menor que y las comparamos separando sus nombres con el operador lógico apropiado:

x = 10;

y = 7;

x < y

ans =
  0

Obtendremos el mismo resultado (falso) si preguntamos si las variables son iguales:

x == y

ans =
  0

Si en cambio preguntamos si $x \geq y$:

x >= y

el resultado es:

ans =
  1

Nótese que no se usa ningún signo de interrogación para "preguntar'. Simplemente se escriben las variables a comparar separadas por el operador lógico.

Estos conceptos (las expresiones lógicas) volverán a usarse más adelante cuando se examinen las variables y arreglos lógicos.

4 CONTROL DE FLUJO

Cuando se escribe un programa, con frecuencia es necesario que éste tome unas acciones dependiendo de un resultado o de los valores de una variable. Esta situación es un ejemplo de lo que llamamos "control de flujo". Matlab tiene varios comandos que se pueden usar para este objetivo: para dirigir o controlar el programa para que tome un determinado curso de acción dependiendo de unas condiciones.

4.1 LOS COMANDOS if /elseif /else

Como todos los lenguajes de programación, Matlab posee varios comandos para ejecutar una serie de acciones si se cumplen ciertas condiciones. El más conocido es el llamado if/elseif/else: Vamos a comenzar estudiando este conjunto de comandos. Estos tienen la estructura general:

if *expresiones lógicas 1*

   comandos 1

  elseif *expresiones lógicas 2*

      comandos 2

  else

     comandos 3

end

Estos comandos trabajan de la siguiente manera:

- Si las *expresiones lógicas 1* son ciertas, se ejecutan los *comandos 1*.

- De otra forma, se averigua si las *expresiones lógicas 2* son ciertas, y si es así se ejecutan los *comandos 2*

- Si las *expresiones lógicas 2* no son ciertas se procesan los *comandos 3*.

Ejemplo:

Supongamos que queremos calcular la llamada función *signo* (o "signum" en inglés).

Control de Flujo

Esta función se define como:

$$sign(x) \begin{cases} = -1 \text{ si } x < 0 \\ = 0 \text{ si } x < 0 \\ = +1 \text{ si } x > 0 \end{cases}$$

Vamos a programar el cálculo de *sign(x)* usando el comando **if**. Para que el programa trabaje en forma interactiva vamos a pedirle al usuario que ingrese el valor de x mediante el comando **input** (que explicaremos más adelante). Como ahora vamos a escribir un pequeño programa, ya no es conveniente usar el área de trabajo de Matlab (el "workspace"). Por lo tanto vamos a abrir el editor de Matlab, por ejemplo usando la secuencia File → New → Script (o usando un ícono como). Esta secuencia puede cambiar dependiendo de la versión de Matlab. En el Editor escribimos el siguiente código:

```
x = input('Entre el valor de x: ')
if x < 0
    sig = -1
    elseif x == 0
        sig = 0
    else
        sig = 1
end
```

Luego guardamos el pequeño programa dándole un nombre apropiado, por ejemplo `signo` (no conviene usar el nombre `sign` porque Matlab ya tiene una función con este nombre). Para correr el programa podemos:

- Ir al área de trabajo y escribir el nombre del archivo (por ejemplo, `signo`).

- Desde el Editor con el archivo del programa abierto, presionar el ícono o la techa F5.

El programa va a preguntar lo siguiente (va a escribir un mensaje) en el área de trabajo:

Entre el valor de x:

Si por ejemplo escribimos 3, vamos a obtener:

sig =

1

Control de Flujo

El procedimiento anterior es sólo para presentar un ejemplo, porque la función *signo* ya está programada en Matlab. Para usarla basta con escribir: sign(x)

4.2 LOS COMANDOS switch /case /otherwise

Otro procedimiento de control de flujo que funciona en forma similar al comando **if** es el comando (o más bien conjunto de comandos) switch/case/otherwise que tiene la forma general:

switch *expresión de entrada*

case *valor 1*

    comandos 1   % esto se ejecuta si la *expresión entrada = valor 1*

case *valor 2*

    comandos 2   % esto se ejecuta si la *expresión entrada = valor 2*

case ...

    ...

otherwise

    comandos n

end

Estos comandos de control de flujo funcionan como se explica a continuación. Queremos que el programa haga lo siguiente:

Dependiendo del valor de *expresión de entrada*, cambie a ("switch to" en inglés):

1) Primer caso (case *valor 1*): si la *expresión de entrada* es igual a *valor 1*, entonces:
Ejecute los comandos que se listan aquí y luego salga de *switch* (o vaya a *end* si se quiere)

2) Segundo caso (case *valor 2*): si la *expresión de entrada* es igual a *valor 2*, entonces:
Ejecute los comandos que se listan aquí y luego termine la secuencia *switch*

    … etcétera… el número de casos no está limitado

Al final el programa tiene la opción **otherwise** ("de otra manera") por si acaso el valor de la *expresión de entrada* no es igual a ninguno de los valores que aparecen en los distintos **case**.

Ejemplo:

Vamos a calcular de nuevo la función *sign(x)* ahora usando el comando **switch/case/otherwise**. Esto se puede hacer usando el pequeño programa que se lista a continuación. Este programa hay que guardarlo en un archivo tipo "m file" (vale decir, con extensión *.m*). La explicación del programa se provee abajo del mismo.

```
x = input('Entre el valor de x: ')
switch x/abs(x+eps)
    case 1
        sig = 1
    case -1
        sig = -1
    otherwise
        sig = 0
end
```

La explicación de este ejemplo es la siguiente. Si se divide un número dado x por sí mismo obviamente el resultado es siempre 1 (si el número no es 0). Para obtener 1 o -1 dependiendo, respectivamente, si el número x es positivo o negativo, lo dividimos por su valor absoluto $|x|$. Si x es cero, entonces la expresión $x / |x|$ es indeterminada. Para evitar este problema es que en **switch** se usó |x + eps|. Como se explicó en un capítulo anterior, la variable **eps** es el número más pequeño en doble precisión que maneja Matlab. En la versión actual de Matlab, **eps** es $2^{-52} = 2.22 \times 10^{-16}$.

4.3 OTROS COMANDOS DE CONTROL DE FLUJO

Hay otros comandos más sencillos que se usan para el control de flujo dentro un programa. A continuación se listan algunos de ellos con la explicación provista como un comentario al lado de cada uno:

pause(segundos)   % detiene la ejecución por tantos "segundos" (donde "segundos" pueden

ser generalmente fracciones de 0.01 seg.)

Control de Flujo

pause   % detiene la ejecución del programa hasta que el usuario apriete una tecla.

break   % detiene la ejecución dentro de un programa

error('mensaje')   % detiene la ejecución e imprime el mensaje entre comillas simples.

keyboard   % detiene en forma temporal la ejecución de un programa y retorna el
                  control al usuario. Para continuar con la ejecución hay que escribir
                  return en el área de trabajo.

4.4 LAZOS O BUCLES

Matlab, como otros lenguajes de programación de menor nivel (FORTRAN, etc.), tiene lazos o bucles ("loops" en inglés): estos son estructuras de programación que permiten repetir una serie de comandos mientras se cumpla una condición. Matlab tiene dos lazos: el lazo **for** y el lazo **while**. Vamos a explicar cada uno de ellos.

El lazo **for** ("para" en inglés) tiene la siguiente estructura típica:

for *variable = valor_inicial : incremento : valor_final*

    comandos a ejecutar

end

En *variable* usamos un índice que la primera vez se va a hacer igual al *valor_inicial*. Luego va a ir aumentando usando el valor asignado en *incremento* (si no damos un *incremento*, Matlab va a usar 1 por omisión). El último valor de *variable* va a ser el *valor_final*.

El lazo **while** ("mientras" en inglés) repite una serie de comandos mientras una *expresión lógica* (por ejemplo que una variable sea menor que un cierto valor) sea verdadera:

while *expresión lógica*

    comandos a ejecutar

end

Control de Flujo

Ejemplo de uso del lazo **for**:

Supongamos que queremos programar la expansión en serie que permite calcular el logaritmo natural de un número *x* mayor que ½. La fórmula es la siguiente:

$$\log_e x = \frac{x-1}{x} + \frac{1}{2}\left(\frac{x-1}{x}\right)^2 + \frac{1}{3}\left(\frac{x-1}{x}\right)^3 + \ldots$$

Tomemos *x* = 3 y sumemos veinte términos de la serie. Usando el comando **for**, esto se puede hacer de la siguiente manera:

Asignamos el valor deseado a *x* e inicializamos la variable `logx` donde vamos aguardar el resultado. Luego hacemos variar un índice `k` dentro del lazo desde 1 hasta 20 en incrementos de 1 (este índice representa también el exponente de cada término de la serie). Colocamos un punto y coma (;) luego de calcular cada término para que no nos muestre los 20 cálculos parciales y pedimos con el comando disp que nos muestre el valor final guardado en `logx`.

```
x    = 3;
logx = 0;
for k = 1 : 20
    logx = logx + 1/k*((x-1)/x)^k;
end
disp(logx)
```

El resultado que Matlab nos va a mostrar es `1.0986`. Por supuesto, este valor se podría haber obtenido directamente usando el comando de Matlab **log(x)**.

Ejemplo de uso del lazo **while**:

Veamos ahora cómo hacer lo mismo usando el lazo **while**:

```
logx = 0;
k    = 0;
while k <= 20
    logx = logx + 1/k*((x-1)/x)^k;
    k    = k + 1
end
disp(logx)
```

Control de Flujo

En general, el proceso de cálculo es mucho más eficiente (y más rápido para problemas grandes) si se evitan los lazos **for** o **while**. A veces éstos son inevitables, por ejemplo si estamos integrando una ecuación diferencial en donde el siguiente término en una sumatoria depende del valor anterior. Sin embargo, en muchas otras ocasiones, y con un poco de experiencia, es posible evitar estos lazos. Por ejemplo, el problema anterior se puede programar usando las capacidades matriciales de Matlab como sigue:

```
x    = 3;
logx = sum( (1./(1:20)) .* ((x-1)/x).^(1:20) )
```

Vamos a explicar paso a paso la expresión anterior:

1) Con `1./(1:20))` se genera el siguiente vector fila:

   1 1/2 1/3 1/4 1/5 1/6 1/7 1/8 1/9 1/10 1/11 1/12 1/13 1/14 1/15 1/16 1/17 1/18 1/19 1/20

2) El comando `((x-1)/x)` con x = 3 da: `(3-1)/3)` = 2/3 = 0.667. Al escribir el comando `(x-1)/x).^(1:20)` elevamos este número a las potencias 1, 2,…, 20 lo que genera el siguiente vector fila:

   0.667^1 0.667^2 0.667^3 0.667^3 0.667^4 0.667^6 0.667^7 0.667^8 0.667^9 0.667^{10} 0.667^{11} 0.667^{12}
   0.667^{13} 0.667^{14} 0.667^{15} 0.667^{16} 0.667^{17} 0.667^{18} 0.667^{19} 0.667^{20}

3) Luego con `(1./(1:20)).*((x-1)/x).^(1:20)` se multiplican uno a uno los elementos de los dos vectores generados en el paso 1) y 2). El resultado es otro vector fila con cada uno de los 20 términos de la sumatoria de la serie:

0.66667	0.22222	0.098765	0.049383	0.026337	0.014632	0.0083611
0.0048773	0.0028903	0.0017342	0.001051	0.00064228	0.00039525	0.00024468
0.00015224	9.5152e-005	5.9703e-005	3.7591e-005	2.3742e-005	1.5036e-005	

4) Por último, con `sum(...)` se suman los veinte términos del vector anterior y se guarda el resultado en `logx`.

Para poder evitar el uso de los lazos y escribir un programa usando las capacidades de Matlab para el manejo de vectores y matrices (como hicimos en el ejemplo anterior) se requiere experiencia. Inicialmente, y para evitar frustraciones, se recomienda al lector que use el método que le resulte más sencillo (usando **for** y **while**), hasta que vaya ganando experiencia con Matlab.

5 COMANDOS GRÁFICOS

La generación de gráficos es una de las herramientas más valiosas y poderosas de Matlab. Existen numerosos comandos para crear gráficos en dos y tres dimensiones, así como gráficos especializados. Aquí sólo vamos a ver una breve introducción.

Si bien no es estrictamente necesario, los comandos para crear un gráfico usualmente comienzan con el comando **figure**. Con esto se crea una ventana, la cual contendrá el gráfico que se crearán con los comandos que le siguen a **figure**. Si no se usa este comando y se genera un segundo gráfico, el primero se va a perder porque Matlab colocará en la misma ventana al siguiente gráfico.

Si se dispone de dos listas de datos (o dos vectores), digamos vector_x y vector_y, el comando plot(vector_x, vector_y) crea un dibujo o gráfico de vector_y como función de vector_x en esta ventana. Si sólo se provee como dato al vector_y, por omisión se usan dígitos enteros (1, 2, …) en el eje horizontal como vector_x.

El comando **plot** es suficiente para crear un gráfico en dos dimensiones, pero éste no tendrá ninguna descripción de los ejes horizontal y vertical, ni una red, malla o cuadrícula que ayude a leer los valores del gráfico, ni alguna manera de identificar una función de otra si se dibujan más de una en la misma figura. Por lo tanto, existen numerosos comandos para "embellecer" el gráfico, algunos de los cuales se mencionan a continuación.

Por ejemplo, supongamos que queremos dibujar dos funciones: $y_1 = \sin t$ y $y_2 = e^{-0.1t} \cos t$ desde $t = 0$ hasta 10π. Primero escribimos los siguientes comandos:

t = 0 : 0.01 : 10*pi   % generamos un vector de tiempos "t" con incrementos 0.01

y1 = sin(t)   % generamos un vector con sin(t) para cada valor en "t"

y2 = exp(-0.1*t) .* cos(t)   % generamos un vector con e-0.1tcos(t) para cada valor en "t"

Grafiquemos la primera función y1 en función del tiempo con el comando **plot** que tiene la forma general:

Comandos Gráficos

plot(var_x, var_y)

en donde **var_x** y **var_y** son dos vectores con la misma longitud (o número de elementos). El primer dato (**var_x** en este caso) es un vector (fila o columna) con las coordenadas X de la figura y el segundo argumento (**var_y** en este ejemplo) es un vector con las coordenadas verticales o Y. Con esto es suficiente para dibujar la figura, al menos de forma elemental. Continuando con el ejemplo, escribimos el comando para graficar precedido por el comando **figure** para que Matlab abra una ventana con una nueva figura:

figure

plot(t, y1)

La figura lucirá como la que se muestra a continuación.

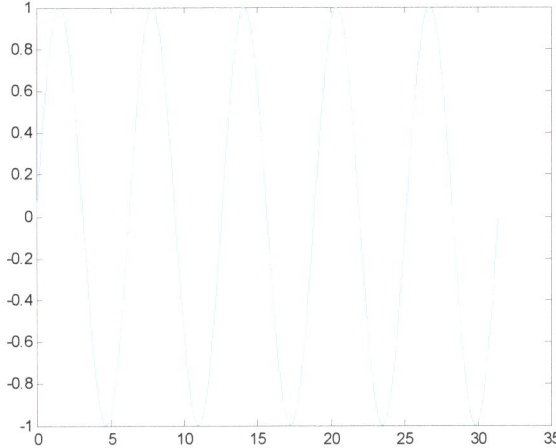

Claramente, la figura no resulta muy atractiva (estéticamente), pero es muy sencillo mejorarla. Por ejemplo, podemos pedirle a Matlab que coloque una cuadrícula o red ("grid" en inglés) en el gráfico. Esto se hace con el comando grid on. También podemos colocar un rótulo para identificar a los ejes horizontal y vertical. Para colocar un rótulo o etiqueta (un "label" en inglés) en los ejes X y Y se usan, respectivamente, los comandos xlabel y ylabel con el mensaje o texto entre comillas simples. La forma genérica de estos dos comandos es:

xlabel('texto que identifica al eje x')   % coloca un rótulo en el eje de abscisas

ylabel('texto que identifica al eje y')   % coloca un rótulo en el eje de ordenadas

Modifiquemos la parte del programa anterior que escribimos para graficar la función y1:

Comandos Gráficos

figure

plot(t, y1); grid on

xlabel('Tiempo')

ylabel('Función y1(t)')

El nuevo gráfico que se genera es:

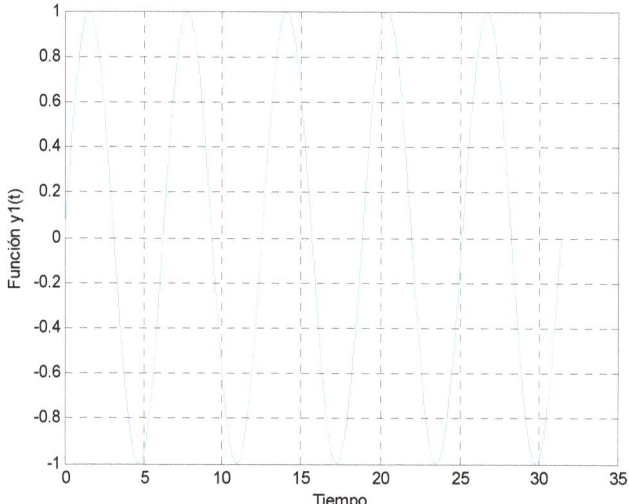

Vamos ahora a graficar las dos funciones antes definidas y1 y y2 juntas, y colocarle un título a la figura. Además vamos a identificar dentro de la figura a cada función.

Para graficar dos o más funciones en una misma figura, debemos dar como argumento a la función **plot** a *pares de vectores* con los valores de las funciones a graficar a lo largo del eje X y del eje Y. Si queremos graficar los valores en el vector datos1_Y como función de los datos en el vector datos1_X, y en el mismo gráfico dibujar los valores de datos2_Y versus datos2_X debemos escribir:

plot(datos1_X,datos1_Y , datos2_X,datos2_Y)

Es importante tener presente que siempre se deben usar *pares* de vectores. La longitud de cada par de vectores debe ser la misma, pero puede ser distinta a la del siguiente par.

Por ejemplo, si datos1_X y datos1_Y tienen cada uno 50 elementos, el par de vectores datos2_X y datos2_Y podría tener 90 elementos. Pero si por ejemplo, datos2_X tiene 89 elementos y datos2_Y tiene 90, Matlab nos dará un mensaje de error: este tipo de problema ocurre con mucha frecuencia cuando se programa.

Comandos Gráficos

Además aún si los datos en el eje X son iguales para las dos (o más) funciones en el eje Y, debemos repetir el vector con los valores en el eje horizontal: como mencionamos antes, siempre debemos usar *pares* de vectores.

Para colocarle un título a una figura (en la parte superior) se usa el siguiente comando, con el texto entre comillas simples:

title('título de la figura')

Para colocar un letrero o leyenda que ayude a identificar a las distintas curvas que forman una figura, se usa el comando **legend** en donde los mensajes que identifican a cada curva se colocan entre comillas simples y se separan con comas. La forma general del comando es:

legend('texto para curva_1' , 'texto para curva-2' , 'etcétera')

La leyenda va a mostrar en un recuadro el tipo y color de línea usado para graficar cada par de vectores dato, seguido por el texto que especificó el usuario.

Modifiquemos el programa que escribimos para que ahora grafique dos funciones, y coloque un título y una leyenda:

figure

plot(t, y1 , t,y2); grid on

xlabel('Tiempo')

ylabel('Funciones y_1(t) y y_2(t)')

title('Gráfico de las funciones seno y coseno decreciente')

legend(': seno' , ': exp*cos')

La figura resultante se muestra en la siguiente página.

Aprovechemos este ejemplo para hacer notar que es posible colocar subíndices dentro de un mensaje (ya sea en **xlabel**, **ylabel**, **title** o en **legend**), como se hizo en este ejemplo para escribir $y_1(t)$ y $y_2(t)$ en el eje vertical (véase la figura siguiente). Para esto usamos el símbolo _ (el signo de "underline" o de subrayar) antes del subíndice. Si queremos colocar un superíndice, escribimos el símbolo ^ antes del superíndice.

Una vez que se crea la figura el usuario puede ir a la caja de las leyendas y presionándola con el "mouse", moverla a otra posición (si interfiere con los datos, por ejemplo). Por omisión, Matlab

Comandos Gráficos

coloca la caja de leyendas en el extremo superior derecho de la figura. También es posible requerirle al programa que coloque la caja en un lugar específico. Esto se hace con la opción 'Location' de legend que tienen la forma general:

legend('texto para las curvas', 'Location', 'posición_en puntos_cardinales')

Luego de la palabra 'Location', la cual es obligatoria, podemos especificar dónde queremos que aparezca la caja de legendas dando su posición respecto a los puntos cardinales. Algunas de las opciones principales son:

'North', 'South', 'East', 'West', 'NorthEast', 'NorthWest', 'SouthEast', 'SouthWest', 'Best'

Tal vez la más conveniente es la última ('Best') en donde Matlab escoge la localización en forma tal que se minimicen los conflictos con los datos.

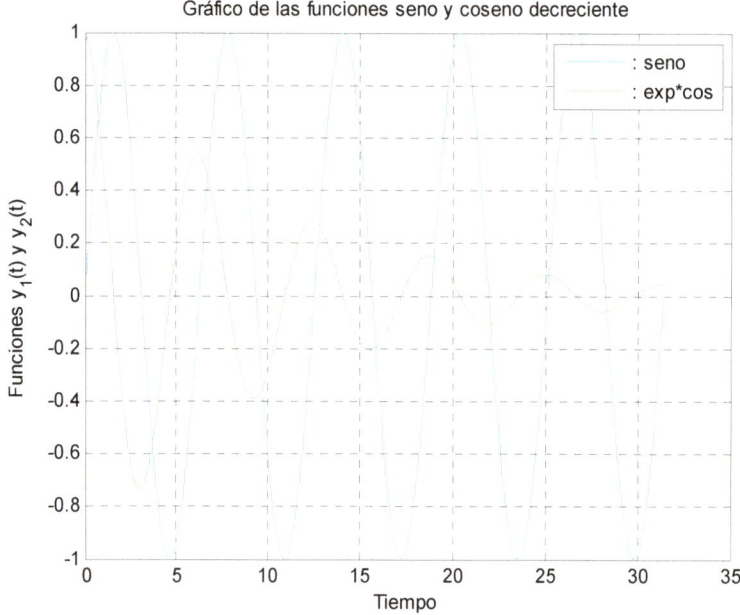

Cuando se grafica más de un conjunto de datos (dos en el ejemplo anterior), Matlab diferencia uno del otro asignándole distintos colores. La secuencia en que se asignan los colores está predefinida y se muestra a continuación. Las letras b, g, r, etcétera, identifican a cada color por si deseamos que una curva tenga un color específico y no se use el que Matlab escoge por omisión. Luego de la lista de colores veremos cómo hacer esto último.

azul (blue): b

verde (green): g

Comandos Gráficos

rojo (<u>r</u>ed): *r*

cian (<u>c</u>yan): *c* (azul verdoso)

magenta (<u>m</u>agenta): *m* (rojo oscuro)

amarillo (<u>y</u>ellow): *y*

negro (blac<u>k</u>): *k*

Se puede cambiar el color de un conjunto de datos simplemente colocando luego de los datos la letra (b, g, r, c, m, y, k) que identifica al color entre comillas simples. Por ejemplo:

plot(t, y1, 'r', t, y2, 'k')   % grafica la curva y1 en rojo y la curva y2 en negro.

También se puede cambiar el tipo de línea con que se grafican las curvas. Existen las siguientes opciones:

línea sólida: -

línea de puntos: :

línea de guión y punto: -.

línea de guiones: --

Por omisión, Matlab usa una línea continua (o sólida). El tipo de línea deseado se indica con el símbolo de cada una (que se mostró arriba) colocado entre comillas simples, luego de cada par de vectores dato. Por ejemplo:

plot(t, y1, ':', t, y2, '--')   % grafica la curva y1 en azul con puntos y y2 en verde con guiones.

También se puede graficar una línea usando sólo símbolos o marcas para cada par de datos, o combinado líneas continuas con símbolos. Algunos de los símbolos disponibles son:

punto: .

círculo: o

letra x: x

suma :   +

Comandos Gráficos

asterisco: *****

cuadrado: **s**

diamante: **d**

El símbolo que se desea usar deber ir entre comillas simples, después de cada par de vectores dato. Si se usa un símbolo aislado, por ejemplo supongamos un asterisco ('*****'), sólo se grafican los puntos donde hay datos.

Si queremos que estos puntos se unan entre sí, debemos indicarlo con uno de los símbolos: '**-**', o '**-.**', o bien '**- -**' colocados inmediatamente antes del asterisco (como por ejemplo '**--***'). Veamos un ejemplo:

plot(t,y1, '-o', t,y2, 's')   % grafica y1 con una línea continua más un círculo en cada par de
                                           datos y grafica y2 colocando un cuadrado en cada par de datos

El ancho de las líneas conque Matlab dibuja una curva está fijo pero se puede cambiar con el comando 'LineWidth', n en donde n es el espesor de la línea en número de puntos definido como $n/72$ pulgadas. Por omisión se usa 0.5 puntos. El comando debe ir entre comillas simples después de todos los vectores de datos. Por ejemplo:

plot(t,y1,':', t,y2,'--', 'LineWidth',3)   % grafica y1 y y2 con líneas de espesor 3 puntos.

La mejor manera de escoger el espesor de línea adecuado es experimentando: cambiando espesores hasta obtener uno aceptable.

También se puede cambiar el tamaño de los marcadores (**o**, *****, **x**, etcétera) usando el comando 'MarkerSize',m en donde m es el tamaño que se desea asignar al símbolo usado. Por omisión el tamaño de los marcadores ('markersize' en inglés) es $m = 6$ puntos, en donde un punto es 1/72 pulgadas. Este comando también debe ir entre comillas simples después de todos los vectores de datos. Por ejemplo:

plot(t,y1,'o', 'MarkerSize', 9)   % grafica y1 usando círculos de tamaño 9 puntos.

Como ejemplo de los comandos anteriores, vamos a graficar la función **y1** en color magenta con cuadrados unidos por una línea, y la función **y2** en color negro con línea de guiones. Ambas curvas tendrán un ancho de línea 2 y el tamaño del marcador usado (□) se reducirá a 3. Cambiamos el programa que estábamos usando como sigue. Para poder apreciar los cuadrados vamos a reducir el incremento de tiempo usado para definir el vector **t** de 001 a 0.1. A

Comandos Gráficos

```
figure
t   = 0 : 0. 1 : 10*pi          % reducimos el incremento para crear el vector de tiempos
y1 = sin(t)                     % volvemos a crear el vector con sin(t)
y2 = exp(-0.1*t) .* cos(t)      % volvemos a crear el vector con e-0.1tcos(t)


plot( t, y1, '-sm' ,  t,y2, '--k',  'LineWidth',2,'Markersize',3 ); grid on   % cambiamos las líneas
xlabel('Tiempo');  ylabel('Funciones y_1t) y y_2(t)')
title('Gráfico de las funciones seno y coseno decreciente')
legend(': seno' , ': exp*cos')
```

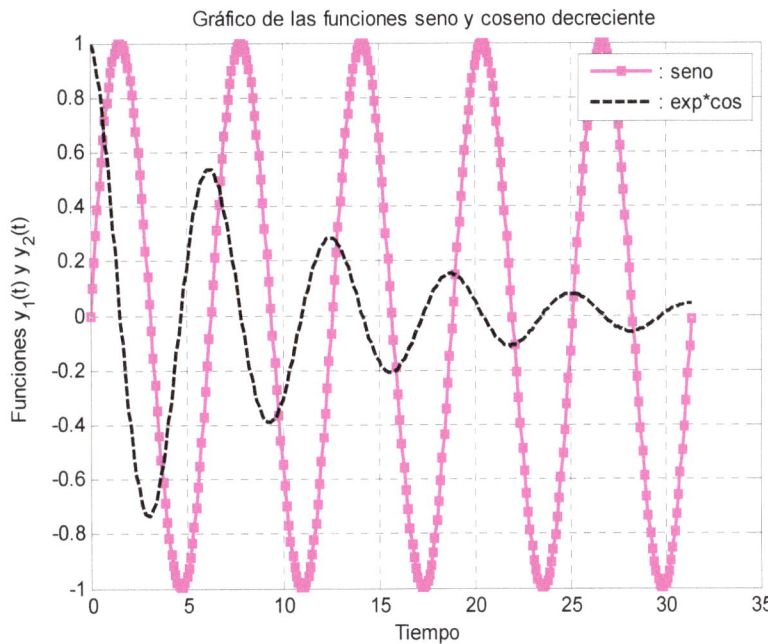

Hay muchos otros cambios que le podemos hacer a la figura y que no se mencionarán en esta introducción. Por ejemplo, podemos usar otro tipo de letra ("font") para el texto en los rótulos, colocarlos en letra cursiva ("italics"), en negrita ('bold"), colocarle al gráfico flechas con texto para señalar una curva, etcétera.

El comando subplot

Hay un comando con la forma subplot(m, n, p) que permite realizar varias gráficas en una misma figura. Este comando divide la ventana de figuras en una especie de matriz m filas y n columnas, y activa la división número p (esto quiere decir que el gráfico se hará en ese casillero p). El

Comandos Gráficos

comando subplot debe aparecer antes de cada comando plot y en cada ocasión se le debe asignar el valor adecuado al parámetro p (debe incrementarse).

Veamos un ejemplo: vamos a graficar en una misma figura a la función $y1 = sin(t)$ y en otra figura debajo de la misma a la función $y2 = e^{-0.1\,t} cos(t)$. Para esto vamos a dividir la pantalla en una matriz de 2 x 1 en donde en cada casillero dibujaremos una de las dos funciones. Queremos obtener dos subgráficos como se muestra en el siguiente esquema:

$$subplot(2,1,1)$$

$$subplot(2,1,2)$$

A cada subfigura vamos a colocarle su propio título y rótulo en el eje Y. Usaremos un único rótulo para el eje X porque es común para ambas funciones del tiempo que queremos graficar.

El código que debemos usar para lograr este objetivo se lista a continuación:

figure

subplot(2,1,1)   % divide la ventana en 2 filas y 1 columna y se posiciona en la división 1

plot(t,y1, 'LineWidth',2)   % grafica y1 como función de t en el primer gráfico

grid on; title('Función sin(t)')

subplot(2,1,2)   % divide la ventana en 2 filas y 1 columna y se posiciona en la división 2

plot(t,y2, , 'LineWidth',2)   % grafica y2 como función de t en el segundo gráfico

grid on; title('Función e^0^.^1^t cos(t)')

xlabel('Tiempo');

La figura resultante tiene ahora el siguiente aspecto:

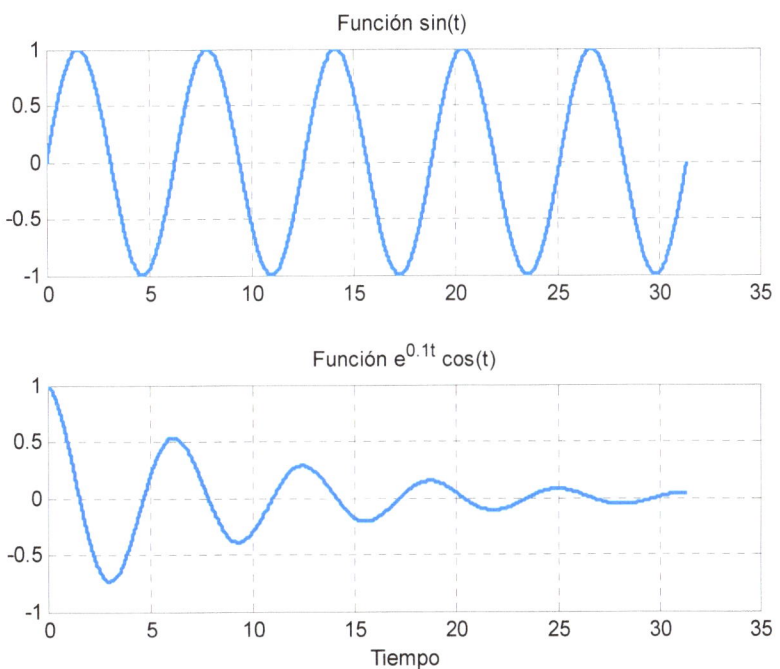

5.1 OTROS TIPOS DE GRÁFICOS

Como se mencionó antes, Matlab contiene una gran variedad de tipos de gráficos. El que se describió anteriormente (el que usa el comando **plot**) es el más elemental. A continuación se presentan unos ejemplos de los numerosos gráficos especializados que posee Matlab. En los comentarios a la derecha se explica muy brevemente qué hace cada uno:

semilogx(t,y1)   % grafica y1 vs. t usando una escala logarítmica para el eje horizontal

semilogy(t,y1)   % grafica y1 vs. t usando una escala logarítmica para el eje vertical

loglog(t,y1)   % grafica y1 vs. t usando escalas logarítmicas para los dos ejes

stem(t,y1)   % grafica y1 usando líneas verticales ("stem" = tallo en inglés) que terminan en un símbolo para cada par de datos

stairs(t,y1)   % grafica y1 usando escalones que tiene un ancho igual a la separación entre los valores de t

Comandos Gráficos

fill(t,y1,'r')	% grafica y1 vs. t llenando el espacio entre la función y el eje horizontal con el color indicado entre comillas simples (rojo en este ejemplo)
bar(t,y1)	% grafica y1 usando barras de un ancho un poco menor que la separación entre los valores de t
polar(alfa,ro)	% dibuja las variables alfa, ro en coordenadas polares
plotyy(x1,y1, x2,y2)	% dibuja un eje vertical a la izquierda para y1 y otro eje distinto a la derecha de la figura para el vector y2.
patch(X,Y,'col')	% crea uno o varios polígonos definidos mediante las coordenadas x, y de los vértices y los llena con el color especificado por la variable alfanumérica col (por ejemplo 'r' para rojo, etc.). Usualmente X y Y son matrices de dimensión m x n, donde n es el nro. de polígonos y m el nro. de vértices. La matriz X debe contener las m coordenadas x de los vértices de cada uno de los n polígonos en sus columnas. La matriz Y debe tener las coordenadas y de cada uno de los polígonos en sus columnas.

5.2   GRÁFICOS EN 3 DIMENSIONES

Crear gráficos tri-dimensionales es un proceso más elaborado y no tan intuitivo como el caso anterior de dos dimensiones. Hay dos tipos de gráficos tri-dimensionales que se pueden crear en Matlab. Uno de ellos simplemente grafica una *curva* en tres dimensiones. Con el otro tipo se puede graficar una *superficie* en tres dimensiones.

5.2.1   Gráficos de líneas

Veremos a continuación un ejemplo del primer tipo de gráficos en 3D, el que es mucho más sencillo.

El comando para graficar una *curva* en el espacio se llama plot3 y tiene tres argumentos mínimos: el vector con los puntos sobre el eje horizontal X, el vector con los datos en el eje horizontal Y y el vector con los puntos sobre el eje vertical Z. Estos tres vectores deben tener igual longitud porque contienen las tres coordenadas de un conjunto de puntos.

Luego de especificar los vectores podemos usar alguna de las opciones para cambiar el color de las líneas, su espesor, etc. Los comandos para colocar un texto sobre el eje X y Y son los mismos que vimos antes, pero ahora necesitamos un tercer comando, llamado zlabel, para asignarle un rótulo al eje vertical Z.

Comandos Gráficos

Vamos a usar como ejemplo las funciones *y*1 y *y*2 que definimos anteriormente, y para crear una curva en 3D vamos a usar el vector de tiempos en el eje vertical. Este tipo de curva se llama "paramétrica" (en este caso el tiempo es el parámetro independiente). Los comandos para dibujar esta curva son:

figure;

plot3(y1 , y2 , t , 'LineWidth',3); grid on

xlabel(' y_1(t) ') ; ylabel(' y_2(t) ') ; zlabel('Tiempo')

Por supuesto, se sobrentiende que para poder generar el gráfico debe agregare antes de los comandos anteriores aquellos que generan los vectores y1, y2 y t. Matlab nos mostrará lo siguiente:

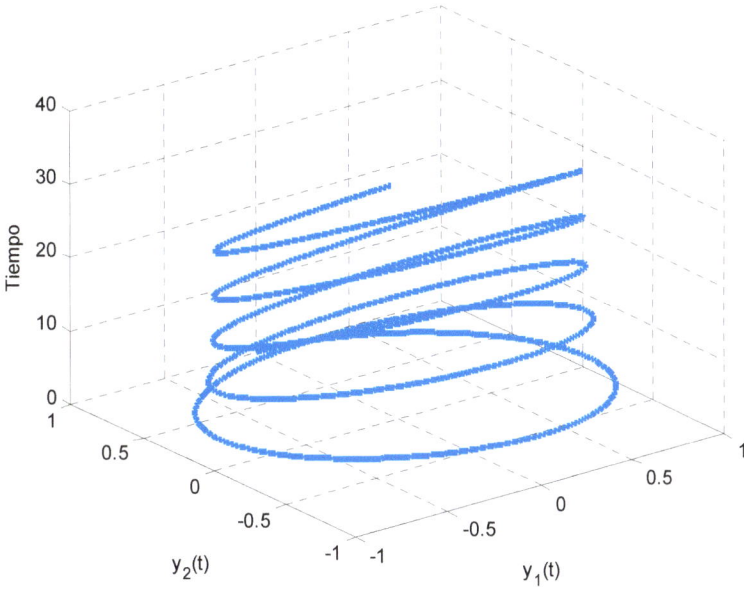

5.2.2 Gráficos de superficies

Graficar una función z = *f*(x,y) es un poco más complicado. Además, como era de esperar, existen varias opciones para hacer esto. Vamos a ver los casos más comunes con un ejemplo específico.

Supongamos que queremos graficar la función:

$$z = x^2 + 10\ \sin(y)$$

Comandos Gráficos

Primero se debe crear una malla o retícula para los dos ejes horizontales. Por ejemplo, supongamos que queremos que el eje *x* vaya de 0 a 8 y que el eje *y* varíe desde 0 a 10. Creamos estos vectores con un espaciamiento adecuado, por ejemplo 0.5:

x = 0 : 0.5 : 8;

y = 0 : 0.5 : 10;

Luego se usa el comando mesghrid que tiene la forma general siguiente:

[matX , matzY] = meshgrid(vector_x, vector_y)

Con este comando se crean dos matrices: la primera, a la cual llamamos matX, contiene en sus filas al vector vector_x repetido; la otra matriz, que denominamos matY tiene guardadas en sus columnas al vector vector_y repetido (los vectores se repiten tantas veces como sean sus longitudes, pero esto es irrelevante para el usuario). En nuestro ejemplo vector_x y vector_y son, respectivamente, los vectores x, y que creamos antes.

Siguiendo con nuestro ejemplo, apliquemos el comando meshgrid usando como datos los vectores x, y generados anteriormente. A las matrices auxiliares las llamaremos X, Y:

[X , Y] = meshgrid(x , y);

Es importante colocar el ; al final del comando porque meshgrid usualmente va a generar una gran cantidad de datos (que no queremos ver porque son para uso interno de Matlab).

A continuación se define la función que se desea graficar pero usando como variables de la misma a las matrices matX y matzY que se usaron en el comando meshgrid. En nuestro ejemplo debemos usar las matrices X y Y para definir la función que habíamos escogido:

Z = X .^2 + 10 * sin(Y);

Ahora sí podemos graficar la superficie, para lo cual se pueden usar distintos comandos, dependiendo de la forma que queremos obtener. Existen las siguientes opciones:

La más sencilla es aquella en la cual la superficie se dibuja como una "malla de alambres" ("wire frame" en inglés). Para esto usamos el comando mesh:

mesh(X,Y,Z)

Comandos Gráficos

En este caso Matlab nos muestra la siguiente figura:

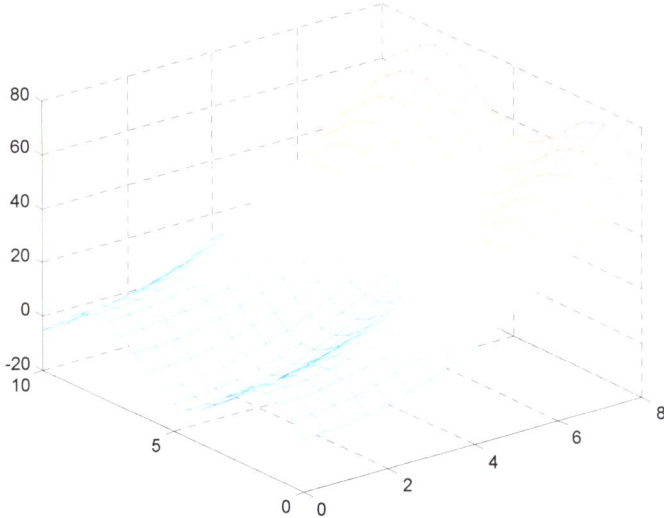

Si queremos que Matlab, además de la superficie, nos dibuje un contorno por debajo (en el plano X,Y) usamos el comando meshc:

meshc(X,Y,Z)

Podemos también dibujar una especie de cortina desde donde termina la superficie hasta el plano horizontal con el comando meshz:

meshz(X,Y,Z)

Para poder visualizar mejor la superficie es más conveniente usar el comando surf. Con esta opción Matlab grafica la función f(x,y) como *una superficie de colores* formada por planos definidos por los puntos con coordenadas (x,y,z). Esta es el tipo de figura típica que se usa para promocionar a Matlab y que suele aparecer en las portadas de los libros (como el presente).

Si en lugar de mesh(X,Y,Z) usamos el comando surf:

surf(X,Y,Z)

vamos a obtener la siguiente superficie:

Comandos Gráficos

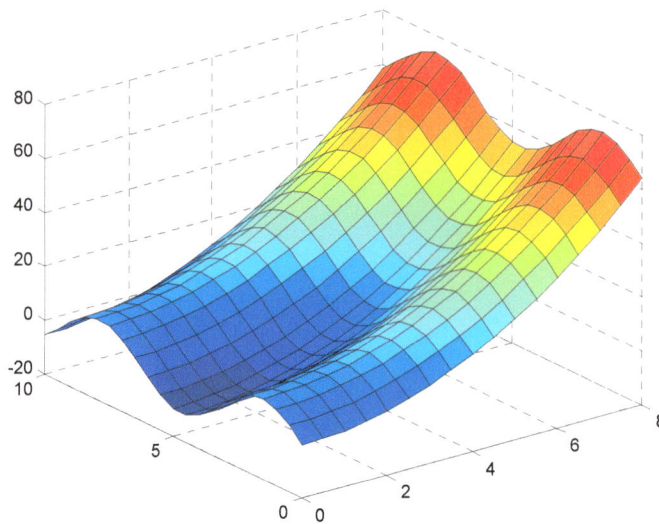

Si se quiere que los colores cambien en forma suave se puede agregar el siguiente comando, luego del comando surf:

shading interp

Si se quieren cambiar los colores estándar se puede agregar el comando colormap con una opción. Las opciones disponibles son las siguientes y la explicación de cada una se presenta en forma breve en los comentarios:

colormap copper   % se usa una gama de colores "cobre"

colormap gray   % se usa una gama de grises

colormap bone   % se usa una gama de colores grises y azules

colormap cool   % se usa una gama de colores cian y magenta

colormap hot   % se usa una gama de colores rojo, naranja y amarillo

colormap pink   % se usa una gama de colores sepia

Por ejemplo, si usamos los comandos shading interp y colormap pink *después* del comando surf(X,Y,Z):

figure ; surf(X,Y,Z) ; shading interp ;   colormap pink

la figura se verá ahora como sigue:

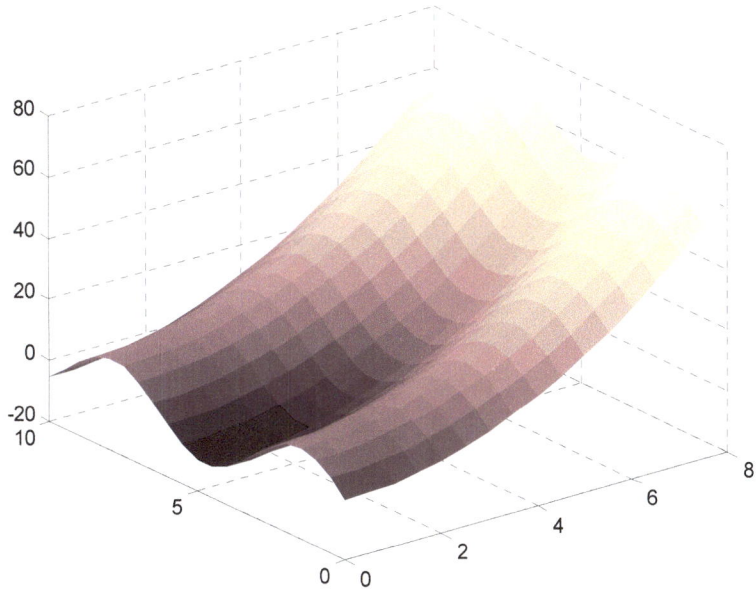

Debe mencionarse que existen muchas otras formas de variar el aspecto de las superficies que no se van a explicar aquí.

6 VARIABLES Y ARREGLOS LÓGICOS

6.1 VARIABLES LÓGICAS

Un concepto muy útil e interesante en Matlab es el de variables lógicas y arreglos lógicos. Si nos familiarizamos con este concepto, podemos usarlo para simplificar la programación de situaciones especiales como vamos a ver.

Generemos una variable cualquiera:

y = -0.55

Queremos que Matlab averigüe y nos informe si "y" contiene un número mayor que cero. Preguntemos esto escribiendo:

y > 0

Obtenemos

ans =

    0

El "0" significa que la respuesta a nuestra pregunta es *"falso"* ("false").

Si en cambio preguntamos:

y < -0.1

o sea si el valor de la variable y es menor que -0.1, la respuesta será:

ans =

    1

El 1 significa que la respuesta a la pregunta es *"cierto"* ("true").

¿Cuál es la variable lógica? La variable temporera "ans". Si queremos guardar la respuesta en una variable permanente, por ejemplo "y01", simplemente escribimos, para el primer ejemplo,

y01 = y > 0

6.2 ARREGLOS LÓGICOS

Vamos ahora a extender el concepto a un arreglo unidimensional, vale decir a un vector. Supongamos que en un vector "curso" están guardadas las notas de los estudiantes de un curso:

curso = [60 73 52 86 95 43 37 65 90]

Queremos averiguar qué elementos de este vector fila contienen notas mayores o iguales a 65 (supongamos que éste sea la nota mínima para aprobar el curso). Preguntamos:

aprob = curso >= 65

El resultado de la pregunta se va a guardar en el vector "aprob". Matlab nos entrega:

aprob =

   0   1   0   1   1   0   0   1   1

Examinando el vector "curso" comprobamos que los elementos (las notas de los estudiantes) en la columnas 2, 4, 5, 8 y 9 tienen un valor mayor o igual a 65. Si queremos conocer la cantidad de estudiantes que aprueban el curso simplemente sumamos los unos:

sum(aprob)

ans =

   5

El número de estudiantes que no aprobó el curso se podría calcular restando el total de columnas en "aprob", calculado con el comando length, menos la cantidad anterior:

length(aprob) − sum(aprob)

O también, usando el vector lógico "aprob", podemos obtener lo mismo con:

sum(aprob == 0)

ans =
   4

En este último comando estamos haciendo dos cosas en forma consecutiva. Primero preguntamos cuáles elementos en "aprob" son cero (o sea que no aprobaron). Si usamos este comando por sí solo, o sea aprob == 0, hubiésemos obtenido: 1 0 1 0 0 1 1 0 0. Luego sumamos los elementos de este vector: el resultado es por supuesto 4.

6.2.1 Aplicación a gráficos de funciones

Otra aplicación interesante de los vectores lógicos es para graficar ciertas funciones.

Por ejemplo, supongamos que queremos graficar la función $sen(\pi t)$ pero sólo cuando el seno es mayor o igual que cero.

Generemos un vector "t" con los instantes de tiempo desde 0 hasta un tiempo final de 4 seg. Usemos como incremento de tiempo 0.08 seg:

t = 0 : 0.08 : 4;

Si averiguáramos el número de elementos en el vector fila "t", por ejemplo usando el comando length(t) veríamos que hay 51 valores. Generemos un vector fila "y" con los valores de $sen(\pi t)$ evaluado en los instantes $t(1) = 0$, $t(2) = 0.08$, $t(3) = 0.16$, ..., $t(51) = 4$:

y = sin(pi*t);

Vamos ahora a modificar este vector tal que sus valores *negativos* sean iguales a *0*:

Si sólo usáramos el comando y >= 0, crearíamos un vector fila con 51 columnas conteniendo unos donde $sen(\pi t)$ es mayor o igual que 0 y ceros donde $sen(\pi t)$ es negativo.

Si multiplicamos este vector (y >= 0) por el vector "y" antes generado, se van a multiplicar por 0 los valores en sin(pi*t) que son < 0 y por 1 aquellos que son ≥ 0 (vale decir, éstos no se van a alterar). Este producto debe ser "elemento-a-elemento", o sea debemos usar el producto de la forma ".*".

Hagamos este producto y esta vez veamos el resultado:

y = y .* (y >= 0)

y =

Columns 1 through 10

  0   0.2487   0.4818   0.6845   0.8443   0.9511   0.9980   0.9823   0.9048   0.7705

Columns 11 through 20

  0.5878   0.3681   0.1253   0   0   0   0   0   0   0

Columns 21 through 30

  0   0   0   0   0   0   0.2487   0.4818   0.6845   0.8443

Columns 31 through 40

  0.9511   0.9980   0.9823   0.9048   0.7705   0.5878   0.3681   0.1253   0   0

Columns 41 through 50

  0   0   0   0   0   0   0   0   0   0

Column 51

  0

Ahora podemos graficar la función "y" en términos de "t":

figure; plot(t,y); grid on; xlabel('tiempo'); ylabel('sen(\pi t)')

El gráfico obtenido tendrá la forma:

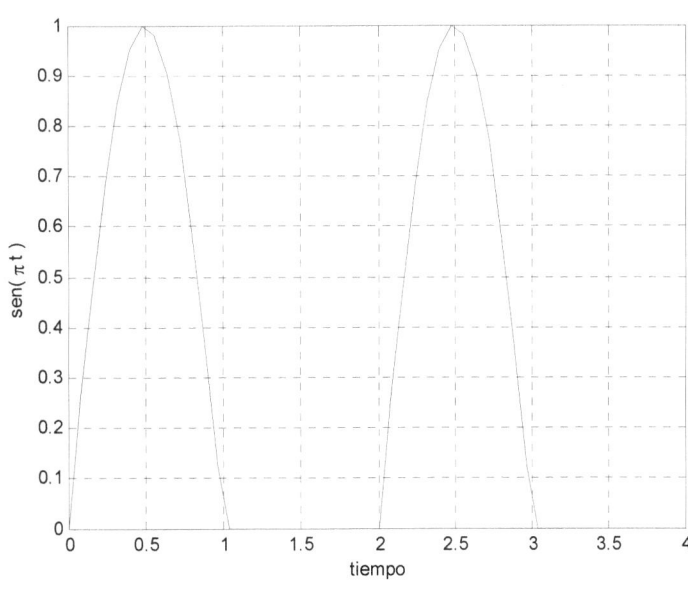

Otra aplicación útil de los arreglos lógicos es para graficar funciones que tienden a infinito para algunos valores.

Por ejemplo, la función *cosecante* tiende a +∞ y -∞ cuando el argumento tiende, por debajo y por encima, a π, 2π, 3π, etc. (recordar que *cosec x* = 1/*sin x*).

Supongamos que queremos dibujar *cosec*(*x*) pero queremos limitar sus valores a aquellos comprendidos entre +20 y -20. Creamos un vector "x" que va desde 0 a, por ejemplo, 3π:

```
x = 0 : 0.005 : 3*pi;
```

Luego calculamos la función cosecante con el argumento en radianes usando "csc(x)" (esto va a producir un vector fila).

A continuación creamos un vector lógico usando como condición |*cosec*(*x*)| ≤ 20. Como sabemos ahora, este vector tendrá 1 (unos) en las columnas donde se cumpla la condición.

Por último multiplicamos *uno a uno* los elementos de estos dos vectores y guardemos el resultado en la variable (vector fila) "f":

```
f = csc(x) .* (abs( csc(x) ) <= 20);
```

Ahora podemos graficar la función f:

```
figure;  plot( x , f , 'k' , 'LineWidth' , 2 );  grid on;
xlabel('x [rad]' , 'fontsize', 11, 'fontweight', 'b');
ylabel('cosec(x)',  'fontsize', 11, 'fontweight', 'b');  axis tight
```

Hemos agregado unas opciones a los comandos **plot**, **xlabel** y **ylabel** para aumentar el espesor de los gráficos (con 'LineWidth' , 2) y para cambiar el tipo de letra de los rótulos de los ejes. Por ejemplo, con 'fontsize', 11 le pedimos la Matlab que use un tipo de letra 11 y con 'fontweight', 'b' le solicitamos que se use letras en negrita ("bold").

La figura obtenida se muestra en la siguiente página:

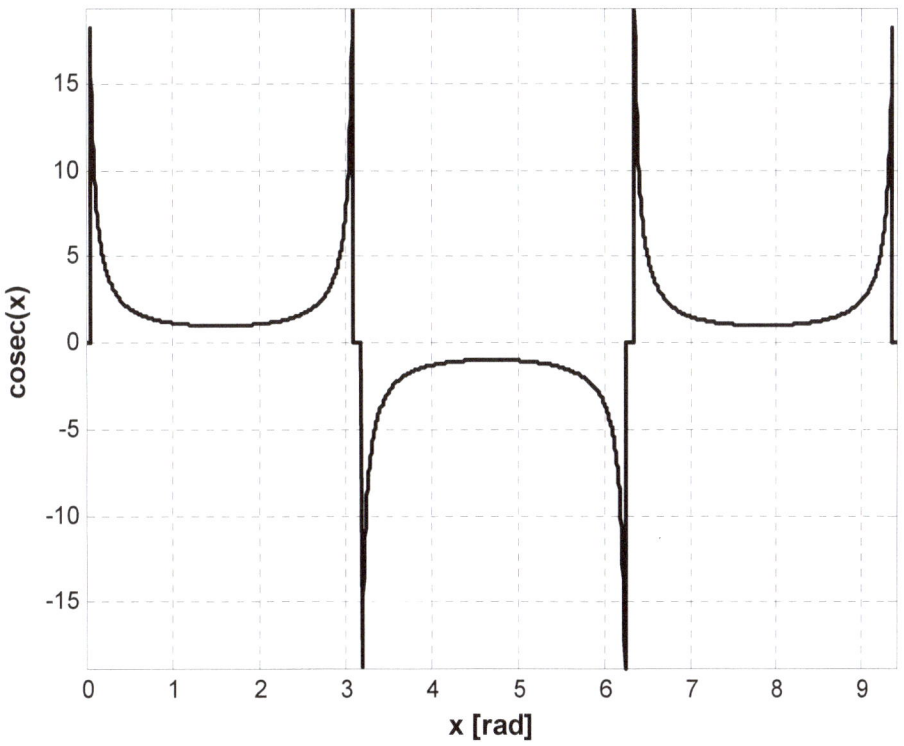

6.3 UN POCO DE DIVERSIÓN: ARCHIVOS DE AUDIO

Matlab tiene unos archivos predefinidos que producen ciertos sonidos que se pueden usar como efectos especiales. En la versión 7 de Matlab hay seis archivos de audio. Los nombres dan una idea del sonido guardado en ellos. Estos son:

chirp   % un gorjeo (como el de los pájaros)

gong   % el sonido de un gong

handel   % unos segundos del Aleluya de G.F. Handel

laughter   % risas

splat   % algo que cae y se desintegra

train   % el silbato de un tren

Para usarlos primero se deben cargar con el comando "load". Por ejemplo el comando:

load handel

carga dos variables (lo que se puede comprobar con el comando "whos"). La primera, "y", tiene el sonido pregrabado y la segunda, llamada "Fs", contiene la llamada "frecuencia de muestreo" ('sampling rate'). Por omisión, el valor de Fs es 8192 Hz. A no ser que el lector de estas notas sea un ingeniero de audio, estos últimos detalles no tienen mayor interés.

Para escuchar el sonido grabado en el vector "y" podemos usar cualquiera de los dos comandos:

sound(y,Fs)

O también:

wavplay(y,Fs)

Se sugiere probar este atributo de Matlab cargando los distintos archivos de audio y escuchándolos.

7 ARCHIVOS "FUNCTION"

Muchas veces es necesario hacer una tarea repetitiva dentro de un programa relativamente complicado. Por ejemplo, para aquellos lectores familiarizados con el análisis de estructuras, calcular la matriz de rigidez de distintas barras. En este caso es conveniente hacer estos cálculos repetitivos usando lo que en FORTRAN y lenguajes similares se conoce como "subrutina", o sea un programa secundario que es llamado desde un programa principal. En Matlab estas subrutinas se conocen como archivos ***function***.

A veces aun cuando no haya que efectuar tareas repetitivas puede ser conveniente usar los archivos *function* para que el programa principal sea más claro y corto. Por ejemplo, toda la entrada de datos al programa principal se podría hacer usando un archivo *function*. Estos archivos no son ejecutables por sí solos, sino que hay que llamarlos desde dentro un programa principal.

La forma genérica de un archivo que contiene una subrutina o subprograma ***function*** es la siguiente:

function [*lista de variables de salida*] = nombre-de-la-function(*lista de variables de entrada*)

:

comandos

:

comandos

:

Este archivo <u>debe</u> ser guardado con el nombre que aparece en el lado derecho del signo = y con una extensión **.m**, o sea como *nombre-de-la-function.m*.

La *lista de variables de salida* puede omitirse, si no se necesita. Por ejemplo, si el archivo function se usa para generar gráficos, no es necesario que entregue ninguna variable de salida. En este caso el lado izquierdo del comando anterior se puede escribir como function [ ] o directamente se elimina el corchete [ ] y el signo igual.

Por lo general, siempre habrá una lista de variables de entrada, con al menos una variable.

Si hay una sola variable de salida, se puede prescindir de los corchetes, o sea podemos usar:

function *una-variable* = nombre-de-la-function(*lista de variables de entrada*)

La manera de llamar una subrutina function desde el programa principal es la siguiente:

[*variables de salida del prog. principal*] = nombre-de-la-function(*variables de entrada del prog. principal*)

La lista de *variables de salida del prog. principal* debe concordar con el número y tipo de variables (o sea escalar, vector, matriz, variable alfanumérica) con la *lista de variables de salida* del archivo function, pero no necesariamente deben tener el mismo nombre. También debe haber la misma correspondencia con la *lista de variables de entrada del programa principal* y la *lista de variables de entrada* de la function.

Las variables que usa el subprograma function son *locales*, o sea que sus nombres y valores no son compartidos con el programa principal. A diferencia del programa principal, las variables de un subprograma function quedan sin definir una vez que se ejecuta el mismo. Por lo tanto, si una vez ejecutada la function, escribimos en el área de trabajo el nombre de una variable que aparece en la function, nos va a aparecer un mensaje de error diciendo que esta variable no está definida.

Por último, hay que tener cuidado de no guardar una function con el nombre de alguna ya existente. Para averiguar si existe una function de Matlab con un determinado nombre, podemos usar el comando **exist** que tiene la forma general:

exist('nombre_que_nos_interesa')

Si el resultado es un *0* (un cero), esto implica que no existe ninguna function o m-file o una variable con este nombre. Si existiera, el resultado sería un número entero distinto de cero: el número particular indica qué tipo de "objeto" es el que existe. Por ejemplo, 1 indica una variable en el área de trabajo, 2 es un m-file (en el directorio actual o en alguno en el "search path" actual), 5 es una función predefinida de Matlab, etc. Los otros números están asignados a otros objetos más sofisticados que no nos interesan (MEX-file, P-file, Java class, etc.)

Veamos un ejemplo: si escribimos,

exist('sqrt')

el resultado será:

ans =

　　5

Los conceptos de function antes presentados quedarán más claros con un par de ejemplos.

Archivos "Function"

Ejemplo 1:

Como primer ejemplo, supongamos que queremos hallar las raíces de una función cuadrática $ax^2 + bx + c$. Vamos a crear un subprograma function a la que llamaremos **cuadratica**. Los datos que necesita la function son las tres constantes a, b y c, y los datos que entregará son las raíces $x1$ y $x2$. Abrimos el editor de Matlab y escribimos:

```
function [x1,x2] = cuadratica(a,b,c)

x1 = 1/(2*a)*(-b + sqrt(b^2 - 4*a*c) );

x2 = 1/(2*a)*(-b - sqrt( b^2 - 4*a*c) );
```

Cuando en las versiones más recientes de Matlab abrimos el editor usando la secuencia de comandos: File → New → Function, el programa nos mostrará un archivo como el siguiente,

```
function [ output_args ] = Untitled2( input_args )

%UNTITLED2 Summary of this function goes here
%   Detailed explanation goes here


end
```

Entonces lo que tenemos que hacer es escribir las variables de entrada (en `output_args`), las de salida (en `input_args`) y los comandos debajo de los comentarios (en el siguiente ejemplo colocaremos comentarios). Nótese que Matlab sugiere que terminemos la function con el comando **end** pero esto no es necesario usualmente.

Guardamos el subprograma que escribimos con el nombre **cuadratica.m**. Es importante que el nombre del archivo con extensión .m sea el mismo que el nombre de la function.

Vamos a usar el subprograma, ya sea desde un programa principal o desde el área de trabajo. Por ejemplo, supongamos que queremos hallar las raíces de la ecuación $x^2 + 4x + 2 = 0$. Vamos a guardar las raíces en las variables **r1** y **r2**. Si escribimos en el área de trabajo:

```
[r1,r2] = cuadratica(1,4,2)
```

se obtiene:

r1 =

   -0.58579

r2 =

   -3.4142

Ejemplo 2:

Como segundo ejemplo, vamos a crear un archivo *function* que arma la matriz de rigidez de una viga plana uniforme de largo L con una rotación y un desplazamiento transversal en cada extremo. Si el lector no está familiarizado con este tema, simplemente considere que queremos que Matlab nos arme una matriz definida por una "receta". En Análisis Estructural esta matriz se define de la siguiente manera:

$$[K_e] = \begin{bmatrix} a & b & -a & b \\ b & c & -b & c/2 \\ -a & -b & a & -b \\ b & c/2 & -b & c \end{bmatrix}$$

donde las constantes a, b y c son:

$$a = 12\frac{EI}{L^3} \quad ; \quad b = 6\frac{EI}{L^2} \quad ; \quad c = 4\frac{EI}{L}$$

E es el módulo de elasticidad del material, I es el momento de inercia centroidal y L es la longitud del elemento de viga.

Debemos dar como *datos* al subprograma (o sea como variables de entrada) las dos coordenadas globales X de las juntas o extremos de la viga (Xi, Xj), el módulo de elasticidad (E) y el momento de inercia de la sección transversal (I). La variable de salida será la matriz de rigidez de la viga en cuestión, a la que llamaremos (internamente, dentro de la function) Ke. A la function la vamos a llamar **MatrizViga**.

Escribamos el programa teniendo en cuanta lo antes mencionado:

```
function [Ke] = MatrizViga(Xi,Xj,E,I)
% Este programa calcula la matriz de rigidez 2x2 de una viga plana
% con desplazamiento transversal.
L   = abs(Xj-Xi);
a   = 12*E*I/L^3;
b   = 6*E*I/L^2;
c   = 4*E*I/L;
Ke  = [a b -a b ; b c -b c/2 ; -a -b a -b ; b c/2 -b c];
```

Es conveniente por dos razones colocar un comentario luego de la primera línea de la function. Una razón es que esto sirve para recordarnos qué hace este programa, cuáles son las suposiciones,

Archivos "Function"

las capacidades y limitaciones, etc. Esto es importante si al programa lo van a usar otras personas, o si, como ocurre usualmente, no lo usamos por un tiempo y lo abrimos nuevamente. La otra razón se menciona más adelante.

Supongamos que le asignamos los siguientes valores a los datos en el programa principal (o en el área de trabajo):

```
modE = 10000;          % módulo de elasticidad [ksi]

momI = 108;            % momento de inercia [in^4]

Xini = 120;            % coordenada X inicial [in]

Xfin = 240;            % coordenada X final [in]
```

Notemos que como se explicó anteriormente, los *nombres* de las variables en el programa principal (modE, MomI, Xini, Xfin) no tienen que ser iguales a los de la function (E, I, Xi, Xj).

Para llamar al subprograma **function** anterior y para que guarde la matriz de rigidez calculada en la variable K, simplemente usamos el comando:

```
K = MatrizViga(Xini,Xfin,modE,momI)
```

Es muy importante que las cuatro variables que aparecen entre paréntesis luego del nombre de la **function** (`MatrizViga`) concuerden con las que aparecen como lista de entrada en el archivo donde definimos la **function**. Como dijimos antes, los nombres pueden ser distintos, pero la variable debe ser la misma: por ejemplo, el módulo de elasticidad en la **function** se llama E y en el programa principal se llama modE. Ambos aparecen en el cuarto lugar en la lista de variables:

```
function [Ke] = MatrizViga(Xi,Xj,E,I)
K = MatrizViga(Xini,Xfin,modE,momI)
```

Si usamos los datos antes dados, Matlab nos mostrará lo siguiente:

```
K =

  1.0e+004 *

    0.0008    0.0450   -0.0008    0.0450
    0.0450    3.6000   -0.0450    1.8000
   -0.0008   -0.0450    0.0008   -0.0450
    0.0450    1.8000   -0.0450    3.6000
```

Si en el área de trabajo escribimos help MatrizViga, va a aparecer el siguiente mensaje:

```
Este programa calcula la matriz de rigidez 2x2 de una viga plana
con desplazamiento transversal.
```

O sea que Matlab guarda los comentarios que escribimos inmediatamente por debajo del nombre de la **function** y los usa para identificar lo que hace este subprograma mediante el comando **help**. Cuando uno escribe:

help nombre-de-la-function

Matlab imprime estos comentarios. Esta es la otra razón por la cual es conveniente colocarle comentarios al archivo con la **function**.

8 ENTRADA Y SALIDA DE DATOS

8.1 ENTRADA DE DATOS INTERACTIVA

En algunas ocasiones como usuarios de un programa de Matlab queremos entrar una cantidad de datos limitada, como por ejemplo, los valores de unas pocas variables. Para estos casos Matlab tiene dos comandos para la entrada de datos interactiva. El más sencillo es el comando **input** que ya usamos en unos ejemplos anteriores. Este comando tiene la forma general:

var = input('Mensaje de texto para el usuario')

El programa va a escribir en la pantalla el Mensaje de texto para el usuario, el que usualmente debería pedirle al usuario que entre un dato *numérico*. El dato ingresado se va a guardar en la variable var. Si el dato a ingresar es un *texto*, se debe agregar un identificador 's' luego del mensaje para el usuario:

var = input('Mensaje de texto para el usuario','s')

Este comando tiene una utilidad limitada. No es conveniente si tenemos que ingresar muchos datos porque si cometemos un error debemos empezar desde el comienzo.

Otro comando para entrada interactiva más elegante y poderoso es **menu**. Este comando crea y muestra en la pantalla una caja con un nombre escogido, y abajo varios botones con opciones para el usuario. El comando tiene la forma general:

var = menu('Título del menú','opción_1','opción_2',...,'opción_n')

Si el usuario presiona el botón [opción_1], a la variable var se le va a asignar el valor *1*, si se escoge [opción_2] la variable var será igual a *2*, etc.

Por ejemplo, si generamos el siguiente menú con dos opciones:

uni = menu('Escoja las unidades de los resultados','pulgadas','pies');

el usuario va a ver en la pantalla:

Entrada y salida de Datos

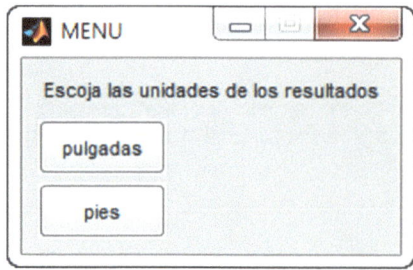

El comando menu es un ejemplo muy simple de las capacidades de GUI ("*Graphical User Interface*") que tiene Matlab. Los comandos para generar interfaces gráficas no se cubren en este texto introductorio.

8.2 IMPORTACIÓN Y EXPORTACIÓN DE DATOS

La manera más simple de entrar datos en Matlab es colocarlos directamente dentro del m-file que contiene el programa. Si el programa es más complicado, se puede crear una subrutina "*function*" en donde se colocan los datos. Al comienzo del programa principal se debe llamar a esta subrutina.

En muchas ocasiones, en especial en programas más complejos, es necesario leer numerosos datos y por lo tanto aquí no conviene colocarlos directamente dentro del programa de Matlab. Por ejemplo, si se quiere leer los datos de unos registros de aceleraciones de un sismo, éstos suelen tener cientos o miles de valores. En otras ocasiones queremos guardar datos que genera el programa de Matlab para ser procesados luego, o leídos con otro programa (como Excel, etc.).

Los datos se pueden guardar usando dos tipos de formatos: como *texto* o como *datos binarios*. En el primer caso la información guardada se puede leer usando cualquier editor de texto porque los datos se almacenan en un archivo tipo ASCII. En el segundo caso los datos sólo se pueden leer usando Matlab. Si es posible, guardar los datos como binarios es más eficiente. Vamos a estudiar cómo guardar resultados que se generan con Matlab, comenzando con datos en forma binaria.

8.2.1 Guardando y recuperando el área de trabajo

Si desde el área de trabajo ('workspace') se escribe el comando **save** sin ninguna información adicional, Matlab guarda todas las variables y arreglos que hay en ese momento en un archivo ('file') con nombre "*matlab.mat*". Éste es el nombre que Matlab usa por omisión. Si queremos guardar los datos en otro archivo, usamos el comando:

save nombre_del_archivo

Entrada y salida de Datos

No es necesario darle la extensión del archivo porque Matlab usa por omisión la extensión *.mat*, o sea va a crear un archivo *nombre_del_archivo.mat*.

Para cargar las variables del área de trabajo simplemente se usa el comando load. Si no se especifica el nombre del archivo, Matlab va a buscar el archivo "*matlab.mat*". Si no lo encuentra, va a dar un mensaje de error. Si hemos guardado los datos del área de trabajo en otro archivo, debemos indicarlo a continuación del comando load:

load nombre_del_archivo

Al ingresar este comando en la pantalla no va a aparecer nada. Si queremos ver qué variables se recuperaron, (además de qué tamaño tienen y qué tipo de variable son) se puede usar el comando whos.

8.2.2 Exportación de datos

Vamos a considerar ahora casos más específicos y abundar sobre la exportación de datos. Lo que se explica a continuación es aplicable al área de trabajo (si se está trabajando en forma interactiva), y también para un programa (si estamos usando un "m-file").

Empecemos considerando el caso más simple: guardar una variable. Supongamos que generamos una matriz A35 de tamaño 3 x 5 con números aleatorios. Luego queremos guardar esta matriz para usarla en otro programa de Matlab. En este caso guardar la matriz es muy simple: usamos el comando save.

A35 = rand(3,5)   % generamos la matriz A35 de 3 x 5 conteniendo nros. aleatorios

save A35   % guardamos la matriz A35 en el archivo A35.mat

El programa crea un archivo con el mismo nombre de la variable que guardamos y con la extensión *.mat*, o sea: *A35.mat*. Como no le indicamos al programa dónde guardar esta variable, Matlab la guarda en el directorio en el cual estamos trabajando, o donde está el programa en donde se dio el comando save A35. Este archivo con extensión *.mat* **no** es posible abrirlo con un editor de texto porque los datos están en forma binaria y además comprimidos. Sólo se puede abrir desde Matlab como se mencionó anteriormente.

Si queremos guardar más de una variable, debemos colocarlas una a continuación de la otra separadas por blancos. Por ejemplo, generemos una vector fila Z con diez números aleatorios para luego guardarlo junto con la matriz A35:

Entrada y salida de Datos

Z = rand(1,10)

En este caso debemos indicar además el nombre del archivo en donde se desea guardar las variables "*A35*" y "*Z*" porque si escribimos:

save A35 Z   % ojo: esto no hace lo que queremos

el programa va a guardar la variable Z en el archivo A35.mat, lo que no era nuestra intención. Por lo tanto, vamos a indicarle a Matlab que guarde ambas variables en un archivo llamado A35masZ.mat, para lo cual escribimos:

save A35masZ A35 Z

En general, el comando para guardar variables *en formato binario* tiene la forma:

save nombre_del_archivo variable1 variable 2 variableN

Con frecuencia vamos a necesitar guardar las variables en un directorio distinto del que estamos usando al momento. Por ejemplo, supongamos que existe un directorio llamado *MatlabFiles* en el disco *C*, y queremos guardar las variables en el subdirectorio *MiCurso* que está dentro del directorio. En este caso debemos especificar la dirección completa y también debemos indicar el nombre del archivo donde queremos guardar las variables. De otra manera, si por ejemplo escribimos,

save C:\MatlabFiles\MiCurso A35 Z   % ojo: esto no hace lo que queremos

Matlab va a guardar las variables A35 y Z en el archivo *MiCurso.mat* dentro del directorio C:\MatlabFiles, que no es lo que queríamos. Vamos entonces a indicar el nombre del archivo, por ejemplo A35masZ:

save C:\MatlabFiles\MiCurso\ A35masZ A35 Z

Si hay espacios dentro del nombre de un directorio o subdirectorio, el programa puede confundir el nombre del directorio con una variable. En estos casos hay que usar un formato más general:

save('nombres_completos_del_directorio_o_subdirectorios\nombre_del_archivo' , 'variable')

Por ejemplo, supongamos que queremos guardar la variable A35 en un archivo con el mismo nombre que la variable: A35.mat, y queremos que este archivo esté en el subdirectorio *C:\My Documents\My programs*. Debemos usar:

Entrada y salida de Datos

save('C:\My Documents\My programs\A35' , 'A35')

Si hay más de una variable, debemos colocarlas separadas por comas y entre comillas. Por ejemplo, supongamos que queremos guardar el vector Z junto con la matriz A35 en un archivo llamado *datos* ubicado en el mismo subdirectorio que antes. Escribimos:

save('C:\My Documents\My programs\datos', 'A35' , 'Z')

Si queremos leer los datos con otro programa que no sea Matlab, debemos especificar que se guarden los mismos como texto, o sea en formato ASCII porque éste se puede leer y procesar por todos los programas y editores de texto. Para guardar unas variables como un archivo de texto, debemos agregar –ascii luego de los nombres de la variable. En este caso también es necesario indicar el nombre del archivo en donde se va a guardar la variable. Supongamos que llamamos *datos.txt* a este archivo. Las variables las escribimos separadas por un blanco:

save C:\MatlabFiles\MiCurso\datos.txt A35 Z -ascii

Este comando guarda las variables A35 y Z en formato de 8 dígitos. Podemos guardarlo con 16 dígitos agregando -double luego de -ascii separado por un blanco.

Si el directorio o los subdirectorios tienen un blanco en el nombre, debemos usar la forma más general del comando save:

save('C:\My Documents\My programs\datos.txt' , 'A35' , 'Z' , '–ascii')

Debe mencionarse que al usar el comando save con la opción –ascii Matlab **no** va a guardar los nombres de las variables, sólo sus valores unos debajo de los otros en notación exponencial. Si se guardan las variables en formato binario, Matlab sí recuerda qué variables se guardaron. Se pueden ver usando el comando whos con la opción –file. Por ejemplo, si *datos* es un archivo con extensión *.mat* para ver qué variables contiene podemos usar:

whos –file datos

Si se vuelve a usar el comando save con el mismo nombre del archivo, pero con otra lista de variables, Matlab va a rescribir las nuevas variables sobre el archivo (o sea se perderá el contenido original). Si se desea que el programa agregue la nueva información a la ya existente, se debe usar la opción –append (añadir, en inglés). Por ejemplo, si generamos un vector Av y queremos guardarlo en el mismo archivo *datos* pero debajo de las variables ya guardadas, debemos usar:

Entrada y salida de Datos

Av = [1 3 -2 0]

save C:\MatlabFiles\MiCurso\ datos.txt Av –ascii -append

8.2.3 Importación de datos

- Supongamos primero que la variable con datos que queremos leer está guardada en forma binaria (vale decir en un archivo con extensión *.mat*), y en el mismo directorio que el actual que estamos usando. Queremos recuperar, por ejemplo, la matriz A35 anterior. En este caso para leerla (o importarla) simplemente usamos:

load A35

El programa cargará la variable en la memoria, pero no la va a mostrar. Si queremos verla debemos escribir su nombre.

Si queremos recuperar las dos variables A35 y Z que guardamos en forma binaria en el archivo *A35masZ* simplemente escribimos:

load A35masZ

Este comando carga el archivo completo. Si queremos recuperar una variable particular, por ejemplo el vector Z lo indicamos agregando su nombre en el comando:

load A35masZ Z

Si los datos se guardaron en un directorio distinto del que está activo al momento, debemos indicar el directorio y los subdirectorios, además del nombre del archivo. Continuando con un ejemplo anterior, para leer todas las variables en el archivo A35masZ.mat que está en C:\MatlabFiles\MiCurso, escribimos:

load C:\MatlabFiles\MiCurso\ A35masZ

Si deseamos leer una sola variable, por ejemplo la matriz A35, usamos el comando anterior más el nombre de la variable:

load C:\MatlabFiles\MiCurso\ A35masZ A35

Entrada y salida de Datos

Al igual que en el caso de *save*, si el directorio o subdirectorios tienen un blanco en el nombre debemos usar la siguiente versión alternativa:

load('C:\My Documents\My programs\datos' , 'Z')

El nombre de la variable a recuperar (Z en este ejemplo) aparece entre comillas simples.

- Veamos cómo podemos importar un archivo de datos ASCII que fue creado con otro programa. Por ejemplo, supongamos que tenemos un archivo llamado '*ElCentro.txt*' que contiene las aceleraciones medidas durante el sismo de El Centro de 1940. Este registro está en el directorio C:\MatlabFiles\Earthquakes. Usemos el siguiente comando para leer el archivo de datos:

terr = load('C:\MatlabFiles\Earthquakes\ElCentro.txt');

Con este comando hemos leído el archivo ElCentro.txt y lo hemos guardado en la variable terr. Esta variable es una <u>matriz</u> con un número de columnas igual al número de columnas de datos del archivo y un número de filas igual a las filas que había en ElCentro.txt. Si una fila del archivo a leer, por ejemplo la última, contiene menos columnas que las anteriores nos va a dar un mensaje de error porque Matlab no puede crear la matriz terr. Esto lo podemos resolver abriendo el archivo (con un editor de texto como *Notepad*) y llenando con ceros los datos que faltan en la fila del archivo que tiene este problema. Por ejemplo, supongamos que el archivo de texto ElCentro.txt contiene el problema citado en la cuarta fila:

```
 -0.105334E-01   -0.182642E-01   -0.254414E-01   -0.285179E-01   -0.257617E-01
 -0.187670E-01   -0.946763E-02    0.622493E-03    0.783396E-02    0.852112E-02
  0.518088E-02    0.430683E-02    0.750170E-02    0.104502E-01    0.996572E-02
  0.730163E-02    0.504134E-02    0.430239E-02    0.524264E-02    0.766149E-02
  0.992956E-02    0.918915E-02    0.436713E-02
```

Cuando lo intentemos leer, Matlab nos va a mostrar el siguiente mensaje de error:

```
??? Error using ==> load
Number of columns on line 4 of ASCII file C:\MatlabFiles\Earthquakes\ElCentro.txt
must be the same as previous lines.
```

Si no le decimos explícitamente a Matlab en dónde debe guardar los datos que se leyeron con el comando load, el programa los va a guardar en una variable con el mismo nombre que el archivo pero sin la extensión. Por ejemplo, si escribimos:

load('C:\MatlabFiles\Earthquakes\ElCentro.txt');

el programa va a crear una variable llamada ElCentro con los datos que leyó del archivo.

Entrada y salida de Datos

También podemos dar el nombre del archivo de datos para leer como una variable alfanumérica. Por ejemplo, primero creamos una variabla alfanumérica llamada **nombre** y luego usamos el comando **load** con el nombre de la variable como argumento:

nombre = 'C:\MatlabFiles\Earthquakes\ElCentro.txt'

terr = load(nombre)

- Usualmente, cuando guardamos variables de Matlab en formato ASCII es porque no queremos volverlas a leer usando el mismo programa Matlab. Si quisiéramos leerlas nuevamente con Matlab, es más eficiente y sencillo guardarlas en forma binaria. No obstante, supongamos que queremos leer las variables **A35** y **Z** que guardamos antes en el archivo **datos.txt**. Si usamos el comando **load** para recuperar las variables:

load C:\MatlabFiles\MiCurso\datos.txt   % ojo: no funciona

o si usamos:

load C:\MatlabFiles\MiCurso\datos.txt A35 Z –ascii   % ojo: no funciona

o bien si escribimos:

load C:\MatlabFiles\MiCurso\datos.txt A35   % ojo: no funciona

vamos a recibir un mensaje de error como el siguiente:

```
??? Error using ==> load
Number of columns on line 3 of ASCII file C:\MatlabFiles\MiCurso\datos.txt
must be the same as previous lines.
```

La razón es que Matlab trata de guardar *todos* los datos que hay en el archivo **datos.txt** en una matriz, pero no puede hacerlo. Esto se debe a que el archivo tiene en las primeras 3 filas y 5 columnas los elementos de la matriz **A35**, y a continuación hay una fila con los 10 elementos del vector **Z**. Este problema no se puede resolver. Si se desea recuperar la matriz **A35** y el vector **Z** guardados en formato ASCII, se deberían haber guardado cada uno en archivos separados.

Entrada y salida de Datos

8.3 PRESENTACIÓN DE RESULTADOS CON UN FORMATO DETERMINADO

Hasta ahora hemos visto cómo presentar los resultados de un programa usando el comando **disp** (por *display*). Este comando tiene la ventaja de que es muy simple pero si uno está interesado en presentar los resultados usando un formato específico (y no uno que escoge Matlab como ocurre con **disp**), hay que recurrir a otros procedimientos más complicados. Para esto Matlab hace uso de los comandos de entrada/salida del lenguaje *C* para leer y escribir datos.

Por ejemplo, para escribir datos con un formato específico se puede emplear el comando **fprintf**. Supongamos que queremos imprimir las áreas transversales de los tres elementos de una viga guardados en el vector A:

A = [16.221 , 25.306 , 32.125]

Si escribimos:

fprintf('%8.2f   %8.2f   %8.2f\n' , A)

el resultado será:

16.22   25.31   32.13

Los símbolos **%8.2f** indican que cada elemento de A se imprimirá usando un formato de punto fijo ("fixed-point notation") con un total de 8 caracteres (incluyendo el punto) y dos decimales. Entre el fin del primer número y el comienzo del siguiente se pide dejar tres espacios en blanco. Si colocamos guiones para ver estos espacios, el comando sería:

fprintf('%8.2f---%8.2f---%8.2f\n' , A)

Se aclara nuevamente que los guiones --- solo se colocaron para poder visualizar los espacios: Matlab acepta solamente blancos, no guiones.

Los símbolos **\n** significan: "*pasar a una nueva línea*". Si no se colocase esto, y se imprimen otros resultados, éstos se escribirían a continuación y en la misma línea que los valores de A (por consiguiente, es conveniente siempre usar /n).

La forma general del comando **fprintf** es:

Entrada y salida de Datos

fprintf('identificador_de_archivo' , 'formatos' , variables_a_imprimir)

El 'identificador_de_archivo' se usa cuando se desea imprimir los datos en un archivo, como se verá a continuación. Los comandos incluidos en 'formatos' pueden ser, entre otros, los siguientes:

%xx.##e : esto se usa para imprimir con notación exponencial, donde xx es el número de dígitos a imprimir (incluyendo el punto decimal, el símbolo e y su exponente más su signo), y ## es el número de dígitos a la derecha del punto. El valor de xx debe ser como mínimo igual a ## más *4* (para tener en cuenta el exponente); de otra manera, el programa ignora el valor de xx solicitado.

Por ejemplo, vamos a imprimir el valor de la constante π con **fprintf** y notación exponencial:

fprintf('%13.4e\n ', pi)

Se obtiene lo siguiente:

    3.1416e+001

Nótese que hay dos blancos antes del valor de 3.1416 y que a la derecha del 3 hay 4 decimales. El total de caracteres, incluyendo los dos blancos al comienzo es 13.

%xx.##E : es similar al formato anterior excepto que la letra **e** de la notación exponencial se escribe con mayúscula.

%xx.##f : este formato se usa para la notación de punto fijo, donde xx es el número total de dígitos a imprimir (incluyendo el punto decimal), y ## es el número de dígitos a la derecha del punto.

Usemos el formato de punto fijo para imprimir la constante π. Por ejemplo:

fprintf('%13.4f\n' , pi)

El resultado es:

       3.1416

El total de caracteres (incluyendo 7 espacios en blanco y el punto decimal) es 13, con 4 cifras decimales.

Entrada y salida de Datos

Si queremos escribir un título antes del valor de la variable, se debe colocar el mismo entre comillas simple. Por ejemplo,

fprintf('*** Valor de Pi:' \n \n') ; fprintf(%10.4f\n ', pi)

En este caso Matlab va a agregar una línea en blanco entre las dos impresiones:

*** Valor de Pi:

   3.1416

8.3.1 Impresión a un archivo:

Para imprimir información desde Matlab a un archivo de texto usando **fprintf** (vale decir, para imprimir con un formato específico) se debe primero abrir el archivo (o crearlo si no existe). Esto se hace con el comando **fopen** cuya forma general es:

fid = fopen('nombre del archivo.extensión' , 'permiso')

La variable fid es un escalar que se usa para identificar el archivo, cuando se desea luego leer o escribir en el archivo abierto.

El comando fopen abre, por omisión, un archivo de donde se van a *leer* datos. Si se desea *escribir* datos en el archivo que se abre, o agregar datos (a un archivo existente), hay que indicarlo en 'permiso'. Algunas de las opciones son:

'w' = el archivo que se abre (o crea) se va a usar para escribir en el mismo. Si ya hay datos en el archivo, éstos se perderán.

'a' = el archivo que se abre (o crea) se usará para escribir pero los datos se añadirán a los ya existentes (si el archivo ya existía).

Una vez que se terminó de escribir en el archivo toda la información que se desea, debemos cerrarlo con el comando **fclose** que tiene la forma:

fclose(identificador_del_archivo)

Entrada y salida de Datos

Por ejemplo, supongamos que queremos escribir las longitudes de los tramos que forman una viga continua (con varios apoyos intermedios), guardados en un vector L, en un archivo de texto llamado SalidaViga.txt. Vamos a imprimir los valores en columnas con formato de punto fijo con dos decimales.

```
L = [10 , 20 , 24 , 30 , 24];

fid = fopen('SalidaViga.txt' , 'w');

fprintf(fid , '%6.2f\n' , L);

fclose(fid);
```

Es importante notar que ahora agregamos el identificador del archivo **fid** en el comando **fprintf**.

Si abrimos el archivo de texto SalidaViga.txt veremos lo siguiente:

```
 10.00
 20.00
 24.00
 30.00
 24.00
```

Supongamos que queremos agregarle un título (un mensaje de texto) arriba de los valores de las longitudes, y queremos además subrayar este texto. Para esto agregamos un comando con el mensaje **fprintf** antes de escribir el vector L:

```
fprintf(fid , 'Longitudes de los tramos:\n');

fprintf(fid , '-------------------------\n\n');
```

Al abrir el archivo observaremos el siguiente resultado:

```
Longitudes de los tramos:
-------------------------
 10.00
 20.00
 24.00
 30.00
 24.00
```

Entrada y salida de Datos

8.3.2 Lectura desde un archivo:

Es lógico preguntarse si existe un comando similar a **fprintf** pero para leer datos de un archivo. Matlab tiene tal comando y se llama **fread**, pero su función principal es leer datos guardados en forma binaria. Para usar el comando primero se debe abrir el archivo con **fopen** pero con la opción de leer (indicado por la letra 'r' entre comillas simples). Por ejemplo:

identificador_del_archivo = fopen('nombre_del_archivo' , 'r')

El comando **fread** tiene la forma general:

Matriz = fread(identificador_del_archivo , nro_de_elementos)

donde Matriz es una variable (una matriz) donde se guardará lo que se lee, el identificador_del_archivo es el identificador que se le asignó al archivo al emitir el comando fopen, y nro_de_elementos es el tamaño de lo que se desea leer. Éste puede ser: un número n de elementos que se guardan en un vector, una matriz [m,n] o inf (un vector con elementos hasta el final del archivo). No se va a dar más información sobre el comando porque para leer datos guardados en forma binaria es más fácil usar el comando **load**.

Para leer datos guardados con un formato específico (no binario), Matlab tiene el comando **fscanf** que tiene la forma general:

Matriz = fscanf(identificador_del_archivo , 'formato' , nro_de_elementos)

donde:

Matriz = es una variable cuya forma (vector columna, fila o matriz) depende del tipo y tamaño de los datos que se leen.

identificador_del_archivo = es el índice (un número entero) que identifica el archivo y que se debe definir anteriormente mediante el comando **fopen**.

'formato' = es una variable alfanumérica ("string") que indica el formato de los datos que se leen. Tiene la siguiente forma general:

'%##caracter_de_conversión'

Entrada y salida de Datos

El signo % es siempre requerido al comienzo. Con ## se representan unos dígitos que definen el máximo ancho del campo a leer. Esto es opcional y debe usarse con cuidado: en la mayoría de los casos **no** es necesario especificar este parámetro. El caracter_de_conversión es una letra (e, f, g, etc.). Las letras indican: e = notación exponencial, f = de punto flotante, g = el formato *g* de Matlab en donde el programa escoge punto flotante o punto fijo.

nro_de_elementos: especifica la cantidad de datos a leer (es opcional). Al igual que con fread, éste puede ser: n, [m,n] o inf. Los significados de cada uno son los mismos que los explicados antes. Si no se especifica este parámetro, el programa lee hasta el final del archivo.

Es importante entender cómo funciona **fscanf**: cuando Matlab lee el archivo que le pedimos, intenta parear ("match") los datos en el archivo con el formato indicado en **'formato'**. Si hay un pareo, el programa lee y escribe los datos en la variable **Matriz**. Si sólo hay un pareo parcial, sólo los datos para los cuales hay pareo se leen y guardan, y luego el programa detiene la operación de lectura.

Vamos a ver un par de ejemplos para aclarar los conceptos anteriores:

Supongamos que un archivo llamado **'datos_de_viga.txt'** contiene un vector con 5 filas que contiene los momentos de inercia de cada tramo de una viga. Éstos son:

```
36.00
64.00
64.00
36.00
25.00
```

Para leer estos datos usamos:

fid = fopen('datos_de_viga.txt' , 'r');

A = fscanf(fid , '%f')

Se obtiene así:

```
A =
    36
    64
    64
    36
    25
```

Entrada y salida de Datos

Supongamos que en un archivo llamado 'datos_matriz.txt' hay una matriz de 3 filas y 4 columnas con números aleatorios entre 0 y 1. Para leerla podemos usar:

fid = fopen('datos_ matriz.txt' , 'r');

B = fscanf(fid,'%f ', [3,4])

El resultado es:

```
A =
        0.96489      0.79221      0.42176      0.80028
        0.95717      0.15761      0.95949      0.91574
        0.14189      0.48538      0.97059      0.65574
```

Por último, debemos recordar que también existe el comando **load** con la opción **ascii** que vimos anteriormente para leer datos. En muchas ocasiones éste puede ser más sencillo de usar que **fscanf**. Aprender a usar el comando **fscanf** requiere tiempo y paciencia: aquí sólo se proveyó una breve introducción.

8.4 LECTURA DE DATOS DESDE UN ARCHIVO DE EXCEL

Una manera de entrar datos a Matlab que puede ser de interés para algunos usuarios, es a través del programa Excel. También se puede escribir resultados obtenidos en Matlab a un archivo de Excel.

Para leer datos desde un archivo de Matlab se usa el comando **xlsread**. Éste tiene la forma:

var = xlsread('Nombre_del_archivo.xls' , hoja , 'rango_de_celdas')

Los datos que se leen del archivo llamado Nombre_del_archivo.xls se guardan en la variable (una matriz) var.

Por hoja se entiende las llamadas "sheets" de Excel. En hoja se puede usar un número entero, o una variable que tiene asignado el número de la hoja con la cual queremos trabajar, o que tiene un texto (una variable alfanumérica) que identifica la hoja.

El 'rango_de_celdas' se refiere a la zona de la hoja de Excel de donde se van a extraer los datos a leer. Para especificar este rango, se usa la forma como Excel identifica las celdas (vale decir, con una letra mayúscula+dígitos).

Por ejemplo, supongamos que se desea leer una matriz de 3 x 4 y que la primera fila ocupa desde la celda B2 hasta la E2, con la última fila guardada en las celdas B4 a E4. Para leer esta matriz el 'rango_de_celdas' debe ser: 'B2:E4'. Esto quiere decir que se debe especificar las dos "esquinas" opuestas de la región rectangular que deseamos leer, y éstas deben ir entre comillas simples.

Veamos otro ejemplo: si queremos leer un vector fila con 5 elementos que comienza en la celda A1, se debe identificar la primera y última celda de la fila, o sea: 'A1:E1'.

Otras características y propiedades del comando **xlsread** son las siguientes:

- Si la única información provista a xlsread es el nombre del archivo de Excel, Matlab lee toda la hoja.

- Si una de las celdas de un arreglo que se lee **no** contiene un valor numérico (por ejemplo, tiene un texto), Matlab la guarda como **NaN** (not_a_number).

- Si al comienzo del archivo hay unas líneas de texto y no nos interesa leerlas, simplemente se usa xlsread con sólo el nombre del archivo (y la hoja, si aplica).

- También es posible seleccionar los datos a leer del archivo de Excel en forma interactiva. Para esto simplemente colocamos un -1 en lugar del rango de celdas:

var = xlsread('Nombre_del_archivo.xls' , -1)

Va a aparecer una caja con un mensaje en donde se nos pide que seleccionemos lo que queremos leer y luego presionemos el botón OK en el siguiente mensaje:

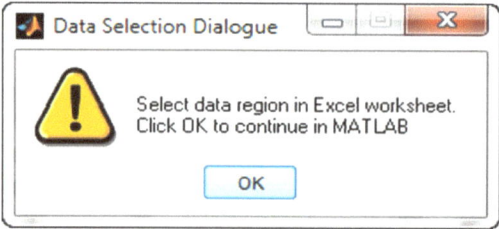

Entrada y salida de Datos

8.5 ALMACENAMIENTO DE DATOS EN UN ARCHIVO DE EXCEL

Así como se pueden leer datos a Matlab desde archivos de Excel, se puede escribir en ellos. Para esto se usa el comando **xlswrite** que tiene la forma general:

xlswrite('Nombre_del_archivo.xls' , var , hoja , 'rango_de_celdas')

El significado de los cuatro parámetros en **xlswrite** es el mismo que para el comando **xlsread** explicado en la sección anterior. La única diferencia es que ahora los datos a escribir deben estar dentro de la matriz var, y ésta debe darse como argumento.

Si no se conoce el tamaño de la matriz var a escribir (porque es el resultado de la ejecución de un programa, por ejemplo), se puede dar el rango de las celdas identificando sólo a la primera (esto es, la fila 1 y columna 1 de la matriz). En este caso *es necesario* indicar el número de la hoja de Excel.

Por ejemplo, supongamos que en la variable K está guardada una cierta matriz (por ejemplo, la matriz de rigidez de una viga). Para guardarla en el archivo *Resultados.xls* y en la hoja *1*, usamos el comando **xlswrite** como sigue:

xlswrite('Resultados.xls' , 1 , K)

Supongamos que la matriz K es de 3x3 pero no lo sabíamos de antemano. Si abrimos luego el archivo de Excel veremos que se escribió la matriz comenzando en la celda A1:

108	-240	360
-240	11600	1800
360	1800	3600

Si se desea escribir un mensaje de texto en la hoja de Excel, es conveniente para evitar resultados inesperados colocar el mensaje dentro de una celda ("cell") de Matlab. Una celda se define como otro arreglo normal de Matlab excepto que en vez de usar corchetes ("square-brackets") se usan llaves ("curled brackets") para definirla. Por ejemplo, si queremos escribir el texto *"Matriz de rigidez total"* en el archivo *Resultados Viga.xls*, primero definimos una celda con este texto y luego usamos el comando **xlswrite** con el nombre de la celda como un dato:

tit = {'* * * Matriz de rigidez'};

xlswrite('Resultados Viga.xls' , tit)

9 CÁLCULO NUMÉRICO USANDO MATLAB

En esta sección vamos a presentar una breve introducción a algunos de los numerosos comandos para resolver problemas numéricos que tiene implementado Matlab. Estas notas no pretenden de ninguna manera ser ni siquiera una introducción al tema de métodos numéricos: para usar un programa en donde se aplica una técnica numérica es conveniente que el usuario tenga algunos conocimientos sobre el alcance y las limitaciones del método que va a usar. No obstante, algunos lectores pueden encontrar las aplicaciones que se presentan a continuación de utilidad.

9.1 RAÍCES DE FUNCIONES:

Básicamente Matlab tiene dos maneras de calcular las raíces de una función, dependiendo si ésta representa un polinomio o una función trascendental. Comencemos con el primer caso que es el más sencillo.

$$p_1(x) = x^5 - 7x^4 - 27x^3 + 163x^2 - 58x - 240$$

Vamos a usar el comando **roots** (en realidad, roots es un programa tipo *function* en donde está programado el algoritmo). Este comando requiere que se entregue cómo argumento en un vector a los coeficientes del polinomio en el orden de las potencias ***descendientes***. Generemos este vector (fila o columna, no importa) para el polinomio anterior, al que llamaremos **coef**:

coef = [1 -7 -27 163 -58 -240]

Luego escribimos el comando **roots** con el vector **coef** como su único argumento. El programa va a guardar las raíces del polinomio en un vector columna. Este vector será la variable provisoria ans, a no ser que se especifique antes del comando **roots** el nombre deseado para el vector con las raíces. Por ejemplo,

raices = roots(coef)

El resultado es:

```
raices =
    8.0000
   -5.0000
    3.0000
    2.0000
   -1.0000
```

Las raíces también pueden ser números complejos. Por ejemplo, para el siguiente polinomio:

$$p_2(x) = 4x^4 + 2x^2 + 7x - 1$$

podemos calcular las raíces simplemente dando los coeficientes del polinomio como argumento dentro de un vector:

roots([4 0 2 7 1])

lo que produce:

```
ans =
   0.5748 + 1.1582i
   0.5748 - 1.1582i
  -1.0000
  -0.1495
```

Raíces de una función de una variable:

Consideremos ahora una función real cualquiera de una sola variable, por ejemplo *x*. Usemos como ejemplo la siguiente función trascendental *f(x)*:

$$f(x) = \tanh(x)\cos(x)$$

En este caso vamos a usar el comando (en realidad, un subprograma *function*) **fzero**.

Muchas de estas funciones trascendentales tienen infinitas raíces, o al menos n > 1 raíces. Por lo tanto, el comando requiere que se le provea de un valor de prueba, llamémoslo xi, de la variable *x* que sea "cercano" al valor de la raíz que nos interesa. Alternativamente, se le pueden proveer dos valores de x (llamémoslos x1 y x2) que correspondan a puntos donde la función $f(x)$ cambia de signo.

Además, por supuesto, para usar **fzero** se debe definir la función $f(x)$ cuyas raíces nos interesan. Esto último se puede hacer de dos maneras:

1) Si la función $f(x)$ es sencilla, se puede directamente definirla como un argumento de **fzero**, para lo cual hay que colocarla entre comillas simples. Por ejemplo, para la función anterior sería:

raiz = fzero('tanh(x) * cos(x)' , xi)

O bien, usando los valores de un intervalo donde la función tiene un cambio de signo:

raiz = fzero('tanh(x) * cos(x)' , [x1 x2])

Debemos de alguna manera conocer el valor inicial de prueba xi o los dos valores extremos x1, x2 del intervalo. Éstos se pueden encontrar de forma sencilla graficando la función. Como sólo queremos un gráfico rápido para estimar aproximadamente estos valores, podemos usar el comando **fplot**, el cual tiene la siguiente forma general:

fplot('definición_de_la_función_de_x' , [valor_inicial_para_dibujar , valor_final])

Para graficar en forma rápida la función anterior $f(x)$ entre los puntos 0 y 10 escribimos:

fplot('tanh(x) * cos(x)' , [0 10])

En este comando sólo se admite **x** como variable de las funciones. El resultado es:

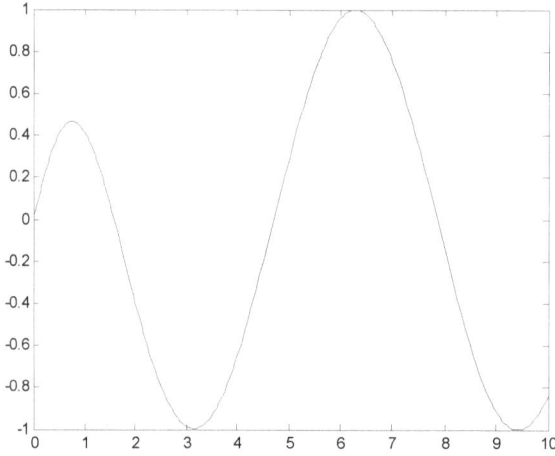

Ahora sabemos que hay una raíz, por ejemplo, cercana a 2. Para hallar la raíz "exacta" (dentro de la precisión numérica del algoritmo) usamos **fzero** con el nuevo dato:

raiz = fzero('tanh(x) * cos(x)' , 2)

El resultado es:

```
raiz =
    1.5708
```

También podríamos haber dado como argumento los valores extremos del intervalo en donde hay cambio de signo. Por ejemplo, para obtener la misma raíz anterior `1.5708` escribimos:

raiz = fzero('tanh(x) * cos(x)' , [1 , 3])

Nótese que si damos [0 , 3] como intervalo obtendríamos 0 como raíz dado que la función $f(x)$ se anula para $x = 0$.

2) Si la función $f(x)$ es más complicada, para definirla conviene usar la segunda alternativa que consiste en programarla dentro de un archivo *function*. Este archivo, al que identificaremos como nombre_archivo, debe tener la siguiente forma general:

function f = nombre_archivo(variable)

f = definir aquí la función f en términos de la "variable"

Para definir la función no lineal anterior escribimos una function que llamaremos **prodtanhcos**:

function fx = prodtanhcos(x)

fx = tanh(x) * cos(x) ;

Guardamos este archivo con el nombre **prodtanhcos.m**. Para hallar la raíz anterior, escribimos el comando **fzero** con el nombre del archivo *function* precedido por un @ o entre comillas simples, y proveyendo a continuación el valor de prueba o valor inicial para buscar la raíz:

raiz = fzero(@prodtanhcos , 2)

O bien usando comillas:

raiz = fzero('prodtanhcos' , 2)

También obtenemos lo mismo usando el intervalo que contiene el cambio de signo, o sea:

raiz = fzero(@prodtanhcos , [1 , 3])

El comando **fzero** usa un algoritmo numérico sofisticado que está basado en una combinación del método de la bisección, de la secante y de la interpolación cuadrática inversa, propuesto por T. Dekker.

9.2 INTEGRACIÓN DE ECUACIONES DIFERENCIALES

9.2.1 Los algoritmos *ode*

Matlab posee varios comandos para resolver ecuaciones diferenciales ordinarias, más específicamente problemas de valores iniciales ("initial value problems" en inglés). Los más comunes se basan en el método de Runge-Kutta y se llaman ode23, ode45 y ode113. La palabra "*ode*" surge de las primeras letras de la frase en inglés "*o*rdinary *d*ifferential *e*quations". Los dos dígitos, por ejemplo (4 y 5), (2 y 3), indican el orden del método de Runge-Kutta (la explicación de estos métodos está mucho más allá del alcance de estas notas).

Además de los ya citados, Matlab tiene otros algoritmos como ode15s y ode23s que se usan para resolver los llamados "problemas rígidos" ("stiff problems" en inglés: son ecuaciones que contienen términos que pueden producir una variación muy rápida de la solución y por lo tanto son muy difíciles de resolver numéricamente). Matlab recomienda usar como primera opción el algoritmo *ode45*, el cual en la mayoría de los casos produce buenos resultados con un esfuerzo computacional razonable.

9.2.2 Transformación a ecuaciones diferenciales de primer orden

Ya sea que se desee resolver una ecuación diferencial o un sistema de ecuaciones diferenciales, Matlab pide que se transforme esta ecuación en un sistema de ecuaciones diferenciales de **primer** orden (si la ecuación original es de orden mayor que 1, por supuesto). Por lo tanto, antes de estudiar la aplicación de los algoritmos *ode*, vamos a ver cómo convertir una ecuación diferencial de orden superior a 1, a otras de primer orden. Para esto vamos a usar un ejemplo muy conocido para aquellos familiarizados con el área de Vibraciones Mecánicas o Dinámica Estructural: la ecuación de un oscilador simple amortiguado. Consideremos un oscilador con una frecuencia natural ω_n, masa m, razón de amortiguamiento ξ sometido a una fuerza dinámica $F(t) = F_o \sin(\Omega t)$. La ecuación de movimiento es:

Cálculo Numérico Usando Matlab

$$\ddot{u}(t) + 2\xi\omega_n \dot{u}(t) + \omega_n^2 u(t) = F_o/m \sin(\Omega t)$$

Vamos a despejar de aquí la derivada de más alto orden (o sea la aceleración $\ddot{u}$) y expresarla en función de las derivadas de orden inferior:

$$\ddot{u}(t) = -2\xi\omega_n \dot{u}(t) - \omega_n^2 u(t) + F_o/m \sin(\Omega t)$$

Ahora vamos a reducir el orden de esta ecuación diferencial introduciendo dos nuevas variables. La primera la llamaremos z_2 y es igual a la primera derivada de $u(t)$, o sea a la velocidad:

$$z_2(t) = \dot{u}(t)$$

La segunda variable es directamente el desplazamiento con otro nombre, a la que llamaremos z_1:

$$z_1(t) = u(t)$$

Con estas notaciones la aceleración es ahora la derivada primera de z_2, o sea que la ecuación diferencial anterior resulta:

$$\dot{z}_2(t) = -2\xi\omega_n z_2(t) - \omega_n^2 z_1(t) + F_o/m \sin(\Omega t)$$

Por supuesto, si bien ya tenemos una ecuación diferencial de 1er orden, tenemos ahora dos variables o incógnitas: z_1 y z_2. Necesitamos una ecuación adicional: usaremos una ecuación identidad, que si bien no aporta nada nuevo, nos ayuda a obtener un sistema de dos ecuaciones (diferenciales) con dos variables. Usaremos la siguiente identidad (que dice que la velocidad es igual a la velocidad…):

$$\dot{z}_1(t) = z_2(t)$$

Las dos ecuaciones anteriores se pueden apreciar mejor si se escriben en forma matricial:

$$\begin{Bmatrix} \dot{z}_1(t) \\ \dot{z}_2(t) \end{Bmatrix} = \begin{bmatrix} 0 & 1 \\ -2\xi\omega_n & -\omega_n^2 \end{bmatrix} \begin{Bmatrix} z_1(t) \\ z_2(t) \end{Bmatrix} + \begin{Bmatrix} 0 \\ F_o/m \sin(\Omega t) \end{Bmatrix}$$

Este sistema de ecuaciones diferenciales es el que pueden resolver los algoritmos *ode* de Matlab.

9.2.3 Forma general de los algoritmos *ode*

Volvamos ahora a Matlab y a cómo resolver las ecuaciones de 1er orden. La estructura del comando ode45 (y la de los otros algoritmos ode) es la siguiente:

```
[tiempo, var_z] = ode45(@nombre_function, [t_ini , t_final] , [desp_inc , vel_inic])
```

Aquí tiempo en el lado izquierdo indica un vector con instantes discretos de tiempo que lo genera Matlab y var_z contiene las variables que son la solución del sistema de ecuaciones diferenciales de primer orden.

En el caso del ejemplo que estamos considerando (las vibraciones del oscilador) var_z tiene dos variables. Éstas se entregan como un arreglo bidimensional (o matriz) en donde cada fila contiene las variables $z_1(t_k)$ y $z_2(t_k)$ para cada instante de tiempo t_k. En otro caso la matriz tendrá más de dos columnas. El número de filas coincide con la longitud del vector tiempo.

Para el ejemplo del oscilador var_z tendría la forma:

$z_1(t_1)$	$z_2(t_1)$
$z_1(t_2)$	$z_2(t_2)$
⋮	⋮
$z_1(t_n)$	$z_2(t_n)$

donde t_1 y t_n son el tiempo inicial y final, respectivamente.

En el lado derecho del comando ode45 aparece el nombre (nombre_function) de un subprograma *function* en donde se encuentra definido el sistema de ecuaciones diferenciales que se desea resolver. Este nombre debe ir precedido del símbolo @. El vector [t_ini , t_final] contiene el tiempo inicial y final del intervalo en el cual se desea integrar al ecuación diferencial. El vector [desp_inc , vel_inic] contiene las llamadas condiciones iniciales, o en otras palabras el valor de las variables en var_z en el instante de tiempo inicial t_ini.

Por ejemplo, supongamos que hemos definido las ecuaciones diferenciales del oscilador simple anterior en un subprograma *function* llamado oscilador1. Queremos resolver la ecuación de movimiento desde 0 a 10 segundos con cero condiciones iniciales (o sea con desplazamiento y velocidad nulos). Si llamamos t al vector de tiempos y Z a la matriz con los resultados, el comando a usar sería:

[t , Z] = ode23(@oscilador1 , [0 , 10] , [0 , 0])

Vamos a mostrar el resultado que se obtiene al usar este comando en una próxima sección. Antes se explicará cómo definir las ecuaciones diferenciales de primer orden en Matlab.

Cálculo Numérico Usando Matlab

9.2.4 Definición del sistema de ecuaciones diferenciales

El sistema de ecuaciones diferenciales que se necesita resolver debe estar definido en un archivo tipo *function*. Las variables de salida deben ser las derivadas primeras ($\dot{z}_1(t)$ y $\dot{z}_2(t)$ en el ejemplo anterior) contenidas en un vector. Por ejemplo, para el caso del oscilador simple el archivo **function** (al que llamaremos **oscilador1.m**) que define las ecuaciones diferenciales puede ser el siguiente:

```
function zder = oscilador1(t,z)
global wn w1 zi F0 Om
z1d =  z(2);
z2d = -2*zi*wn*z(2)  -  wn^2*z(1) + F0*sin(Om*t);

zder = [z1d ; z2d];
```

Aquí hemos usado un comando nuevo llamado **global** que se explicará a continuación.

El comando global:

Este comando tiene la siguiente función. Las variables en un subprograma *function* son *locales*, o sea que el subprograma usa estas variables y cuando termina de correr, sólo entrega (al programa principal o al área de trabajo) las variables de salida: el valor de las otras variables internas se borra. En el ejemplo anterior la *function* entrega el vector columna **zder** (que contiene las derivadas de z_1 y z_2). Para definir las ecuaciones diferenciales del oscilador necesitamos tener definidas la frecuencia natural ω_n, la masa m, la razón de amortiguamiento ξ, la frecuencia de la carga Ω, y el valor pico de la carga dinámica F_o. El subprograma **ode** **no** permite que estas variables se pasen como argumento (o sea junto con **t** y **z** en el ejemplo anterior).

Para resolver este problema se usa el comando **global**: éste permite que las variables que aparecen luego de **global** (y que debe ir separadas por blancos) se *compartan* con todas las *functions* en donde aparece este comando y con el programa principal. El programa principal también **debe** tener una copia del mismo **global** que las *functions*.

En otras palabras, como su nombre lo indica, **global** hace que las variables especificadas se conviertan en globales, en vez de locales.

Ejemplo:

Consideremos un oscilador con una frecuencia natural 2π rad/seg, razón de amortiguamiento 0.08, masa 0.1 k.s^2/in, con una fuerza aplicada de 2 kip y que tiene una frecuencia de 6 rad/seg. No hay ni desplazamiento ni velocidad inicial. Escribamos un programa principal para encontrar el desplazamiento y la velocidad en función del tiempo, y que luego grafique ambas respuestas desde 0 hasta 10 seg. El programa principal se lista a continuación, pero antes se provee una breve explicación del mismo.

La primera línea del programa contiene tres comandos para, respectivamente, limpiar la pantalla del área de trabajo, borrar todas las variables en memoria y cerrar todas las ventanas con figuras. El siguiente comando es el **global** explicado anteriormente para que cinco variables en el programa principal se compartan con la **function Oscilador1** (ver sección 9.2.4) en donde definimos las ecuaciones diferenciales de 1er orden que se desea resolver. A continuación se le asignan valores a ocho variables, cuyos significados se proveen en los comentarios a la derecha. Luego se llama a la **function ode45** para resolver las ecuaciones diferenciales. Se le entrega el nombre de la **function Oscilador1** entre comillas simples. Los resultados se guardan en dos variables: en **t** el vector de tiempos y en la matriz con dos columnas **Z** las variables $z_1(t)$ y $z_2(t)$. Debe recordarse que de acuerdo a las definiciones introducidas cuando transformamos la ecuación de 2do orden a dos de primer orden, $z_1(t)$ es el desplazamiento y $z_2(t)$ es la velocidad. Simplemente para simplificar la notación a la variable $z_1(t)$ se la guarda en otra variable u, y $z_2(t)$ se copia en otra variable v (hacer esto no es requerido). Para recuperar todos los desplazamientos en función del tiempo debemos usar Z(:,1): esto implica extraer todas las filas y la primera columna de la matriz Z. Para extraer las velocidades debemos extraer la segunda columna, vale decir usamos Z(:,2). Los últimos comandos son simplemente para dibujar la velocidad y el desplazamiento en función del tiempo.

```matlab
clc; clear all; close all
global wn zi F0 Om m
tf = 10                 % tiempo final: seg
u0 = 0                  % desplazamiento inicial: pulg.
v0 = 0                  % velocidad inicial: pulg/seg.

wn = 2*pi               % frecuencia natural: rad/seg
zi = 0.08               % razón de amortiguamiento
F0 = 2                  % amplitud de la fuerza senoidal: kip
Om = 6                  % frecuencia de la carga: rad/seg
m  = 0.1                % masa del oscilador: k.s^2/in

[t,Z] = ode45('Oscilador1',[0 tf],[u0 v0]);
u = Z(:,1);             % vector de desplazamientos u(t)
v = Z(:,2);             % vector de velocidades v(t)
```

```
figure; plot( t,u ); grid on; title('Historial de desplazamientos');
xlabel('Tiempo [seg]'); ylabel('Desplazamiento [pulg]')

figure; plot( t,v ); grid on; title('Historial de velocidades');
xlabel('Tiempo [seg]'); ylabel('Velocidad [pulg/s]')
```

Al correr el programa se obtiene como resultado las siguientes dos figuras:

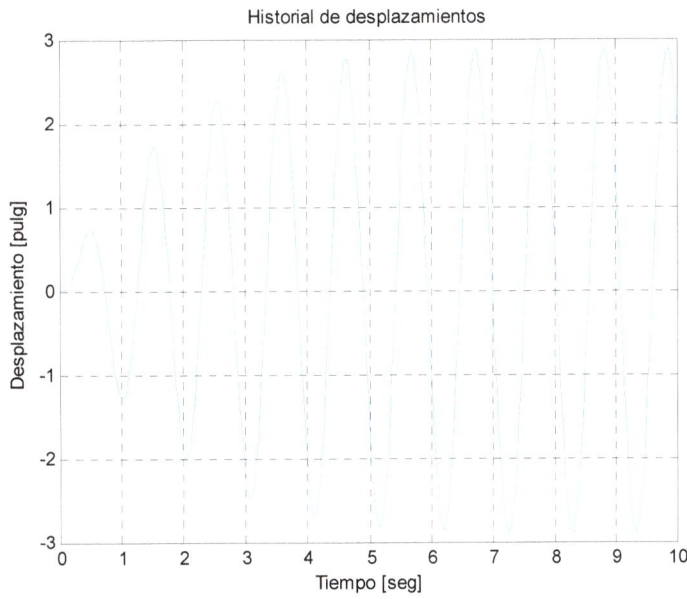

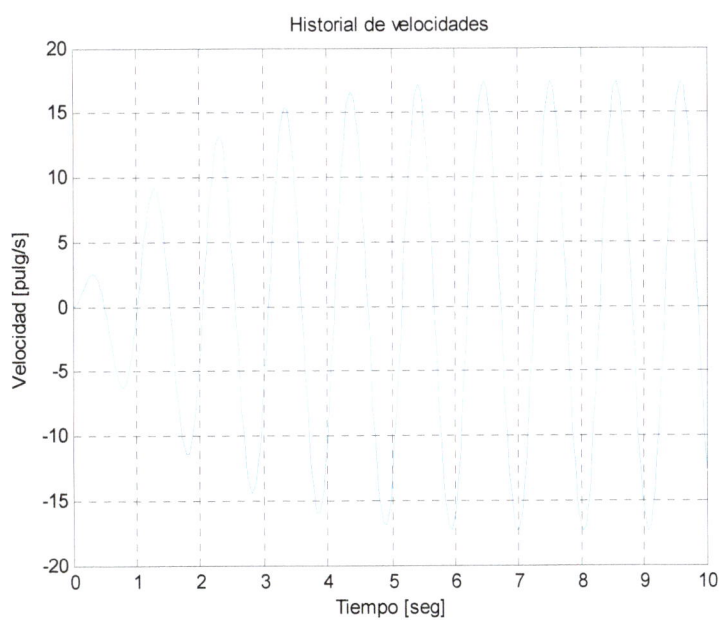

10 EJEMPLOS DE PROGRAMACIÓN

10.1 TRES PROGRAMAS SUGERIDOS

A continuación se proponen tres ejemplos de problemas relativamente sencillos que se pueden resolver en Matlab. Los ejemplos usan conceptos que se estudian en los cursos de Estática y de Mecánica de Materiales, los que son comunes a la mayoría de los programas académicos de ingeniería. A continuación hay unos diez "consejos" que intentan facilitar la tarea de programar en Matlab. Al final se presenta un posible código para resolver cada uno de ellos. No obstante, se sugiere intentar resolverlos. No se ha intentado optimizar la presentación de los resultados en ninguno de los programas.

Ejemplo 1:

Se requiere escribir un programa en Matlab que permita calcular el momento de inercia de área de una figura compuesta. La figura estará formada por n áreas rectangulares en donde dos lados de cada rectángulo son verticales como la que se muestra en la figura. El momento de inercia debe calcularse respecto a un eje horizontal que pasa por el centroide del área total.

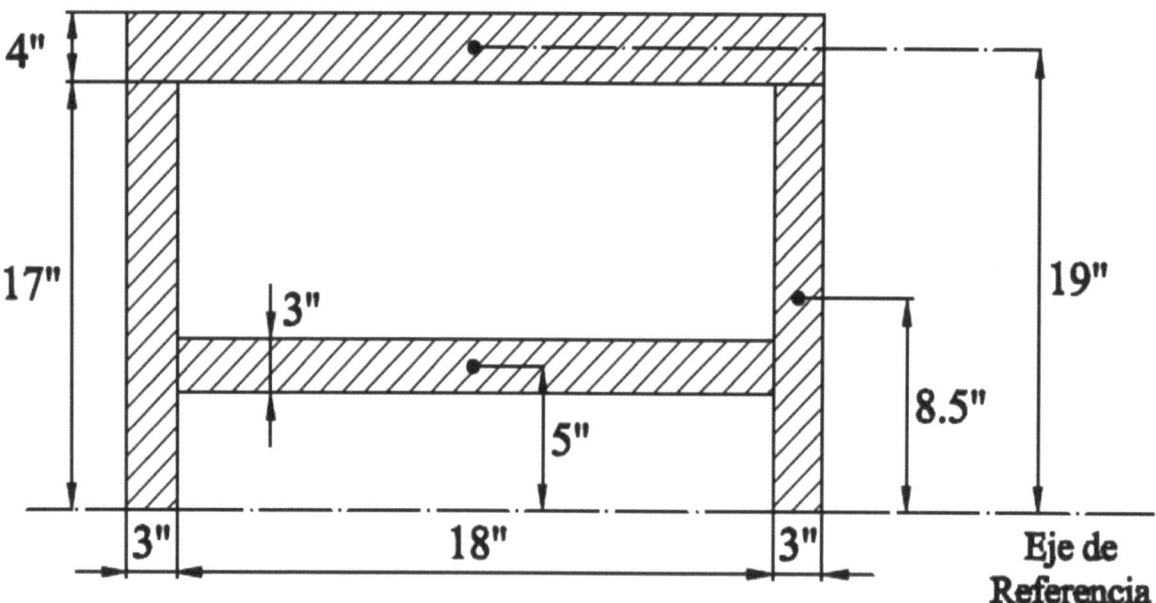

Los datos que el programa va a usar son las bases $b(i)$ y las alturas $h(i)$ de cada rectángulo. Además el usuario debe proveer las coordenadas verticales $\overline{y}(i)$ de los centroides de cada rectángulo medidas respecto a un eje de referencia arbitrario. El programa imprimirá el área y el momento de inercia total, y la ordenada del centroide de la figura compuesta. El usuario debe proveer todas las longitudes requeridas en las mismas unidades.

Ejemplo 2:

Se necesita crear un programa que sume dos vectores planos (por ejemplo, dos fuerzas) y grafique el vector resultante y los dos vectores originales. El origen de cada vector coindice con el origen del sistema de coordenadas X, Y y por lo tanto datos que debe ingresar el usuario son las dos coordenadas del extremo de los vectores. Además del vector resultante, el gráfico debe incluir el paralelogramo que se forma al sumar los vectores, como se muestra en la siguiente figura.

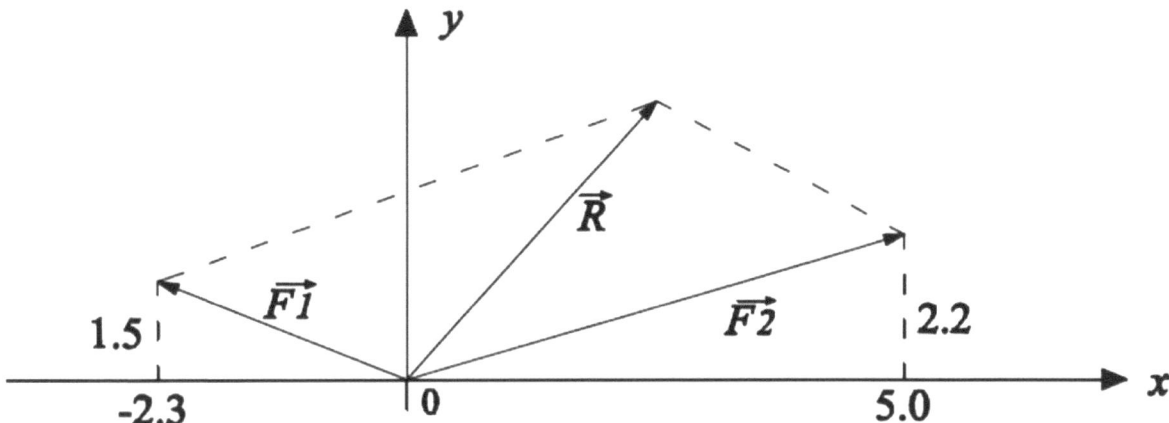

Ejemplo 3:

Se desea desarrollar un programa en Matlab que grafique la deflexión y el momento flector de una viga simplemente soportada que está sometida a una carga uniformemente distribuida de intensidad q sobre la mitad de la luz L ("span") de la viga. Además el programa debe calcular la máxima deflexión y el máximo momento flector en valor absoluto. Los datos que debe ingresar el usuario son el momento de inercia I de la sección transversal (en in^4), el módulo de elasticidad E del material (en kip/in^2), la carga distribuida q (en kip/ft) y el largo L de la viga (en ft).

De una tabla de un libro de Mecánica de Materiales se sabe que la deflexión $w(x)$ de este tipo de viga es:

Para $0 \leq x \leq L/2$: $\quad w(x) = \dfrac{q}{384EI}(-9L^3 x + 24Lx^3 - 16x^4)$

Para $L/2 \leq x \leq L$: $\quad w(x) = \dfrac{q}{384EI}(L^4 - 17L^3 x + 24L^2 x^2 - 8Lx^3)$

Se recuerda que si se conoce la ecuación de la deflexión de una viga, el momento flector $M(x)$ se puede calcular como:

$$M(x) = EI \frac{d^2 w(x)}{dx^2}$$

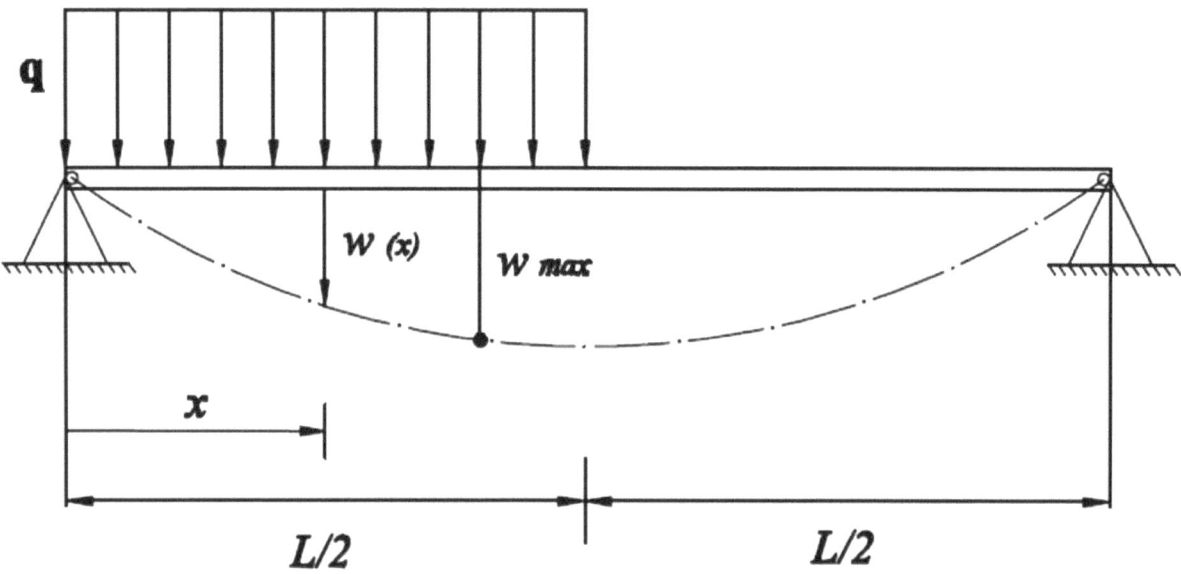

10.2 COMENTARIOS SOBRE LA PROGRAMACIÓN EN MATLAB

Las primeras veces que muchos estudiantes deben escribir un programa en Matlab encuentran dificultades que no necesariamente se debe a que no están bien familiarizados con Matlab. Muchas veces no entendemos bien el problema que debemos programar. Esto, por supuesto, no es culpa de Matlab, por más sencillo o no que sea su uso. Otras veces los estudiantes (o profesionales) no están muy diestros en la programación: se han olvidado cómo programar o no han aprendido bien cómo programar en el lenguaje que sea. Evidentemente, esto tampoco es culpa de Matlab. Por suerte, con frecuencia el usuario sólo le interesa hacer uso de las innumerables funciones ya preprogramadas en Matlab, como por ejemplo, resolver un sistema de ecuaciones lineales, hacer una regresión, hallar raíces de polinomios u otras funciones, etcétera, etcétera. En estos casos es poco lo que hay que conocer de Matlab, pero cuando se necesita resolver un problema más complejo en donde se deben ingresar datos, el programa debe hacer varios cálculos distintos en secuencia y luego graficar los resultados, es necesario conocer más a fondo Matlab. En las notas del curso se listan todos los comandos que quien suscribe encontró útil en su experiencia de varios años con Matlab, aunque de ninguna manera son todos los comandos y funciones de esta poderosa herramienta computacional.

Ejemplos de Programación

Transmitir las destrezas requeridas para programar en Matlab es una tarea mucho más difícil. Lo vamos a intentar mediante la serie de ejemplos presentados en la sección anterior, en donde para resolverlos usaremos algunos de los comandos, estructuras de programación y capacidades gráficas de Matlab que se estudiaron en los capítulos previos. Luego se presenta un posible programa para analizar una estructura sencilla: una barra con deformaciones y fuerzas axiales. No obstante, el lector debe tener presente que solamente practicando se puede llegar a adquirir competencia en este tarea.

Antes de presentar la solución a los ejemplos, se listan a continuación algunos consejos para minimizar las frustraciones al tratar de que un programa en Matlab corra bien (evitar completamente los errores y desilusiones no es posible, a no ser que usted sea un Bill Gates o un Mark Zuckerberg…).

1) Entender bien el problema físico o matemático que se desea resolver.

Este es el primer paso fundamental. Para usar un ejemplo concreto, consideremos el Ejemplo 1 anterior. Necesitamos escribir un programa que calcule el momento de inercia de un área compleja formada por varios rectángulos. Se desea hallar este momento de inercia respecto a un eje horizontal que pase por el centroide de la sección. De un curso de Estática o de Mecánica de Materiales debemos recordar y entender la fórmula para determinar las coordenadas del centroide de una figura plana, y también el famoso Teorema de los Ejes Paralelos (o Teorema de Steiner) para hallar el momento de inercia respecto a un eje paralelo a uno que pasa por el centroide de la figura. Debemos recordar que, al igual que el área, el momento de inercia de una figura compuesta se puede calcular dividendo esta figura en unas más sencillas y sumando las áreas o inercias de cada una de ellas. Obviamente también debemos conocer cómo se halla el momento de inercia de un área rectangular respecto a un eje centroidal.

2) Escribir en lenguaje "común" las fórmulas que se deben usar.

En este caso se necesitan las siguientes ecuaciones. Llamemos A al área total, I al momento de inercia total requerido, $\bar{y}$ a la posición del centroide total medida desde el eje de referencia escogido y n a la cantidad de rectángulos que forman la figura completa. Además A_i identifica al área de cada rectángulo, I_i al momento de inercia de cada rectángulo respecto a su centroide, $\bar{y}_i$ a la distancia del centroide de cada rectángulo medida desde un eje de referencia horizontal (la ubicación de este eje es arbitraria: por ejemplo, podría pasar por la base de la figura). Entonces,

$$A = \sum_{i=1}^{n} A_i \tag{1}$$

$$\bar{y} = \frac{\sum_{i=1}^{n} \bar{y}_i A_i}{A} \tag{2}$$

Ejemplos de Programación

$$I = \sum_{i=1}^{n}\left[I_i + A_i(\overline{y}-\overline{y}_i)^2 \right] \qquad (3)$$

3) Si el problema a programa es complicado, conviene hacer un diagrama de flujo.

En este caso no vamos a hacer un diagrama de flujo pero en general se recomienda hacerlo, más cuando el problema es complicado.

4) Traducir el diagrama de flujo o las fórmulas a Matlab. Hasta adquirir experiencia, es conveniente hacer el programa usando las estructuras del lenguaje de programación que se conoce.

Matlab es un lenguaje mucho más eficiente en la manera en que sea posible "vectorizar" el problema. Con esto queremos decir que las fórmulas u otras operaciones que se deben programar se pueden escribir como sumas y productos de vectores y matrices. Esto, lamentablemente, requiere de un poco de experiencia. Por lo tanto, es aconsejable "aprender a caminar antes que correr" y comenzar entonces programando haciendo uso de las herramientas del programa que uno conozca (Visual Basic, C++, Fortran, etc.).

Por ejemplo, en el caso del problema del momento de inercia si las áreas de los n rectángulos se guardan en un vector Ai, y las ordenadas de sus centroides en el vector yi, una manera (no óptima) de definir el denominador de la Ec. (2) y guardarlo en la variable **den** es la siguiente:

```
den = 0;
for i = 1 : n
    den = den + Ai(i) * yi(i);
end
```

5) Colocar abundantes comentarios a lo largo del programa.

Cuando se definen los datos (por ejemplo, en el caso del momento de inercia éstos pueden ser la base y altura de cada rectángulo, etc.) es conveniente colocar comentarios explicando qué son estos datos, en qué unidades están, y otra información relevante. Cada parte del programa que haga una tarea específica debería estar identificada (por ejemplo, la definición de los datos de los rectángulos, el cálculo del área total, de la posición del centroide, etc.).

Es aconsejable además escribir al comienzo del programa una descripción del mismo, sus capacidades, sus limitaciones y la metodología que se usa para resolver el problema. A medida

Ejemplos de Programación

que uno va creando su biblioteca de programa, esta información es cada vez más útil, o también si otros usuarios van a usar el programa. También se puede agregar allí quién es el autor del programa y cuándo se hizo la más reciente revisión.

6) No tratar inicialmente de imprimir los resultados en un formato "elegante".

Es natural (si bien no necesariamente lógico) querer presentar los resultados del programa de una manera estéticamente agradable. Si el programa se va a distribuir para otros usuarios, esto es razonable. Si sólo lo vamos a usar personalmente (para nuestras investigaciones por ejemplo), tal vez no valga tanto el esfuerzo asociado. En todo caso, esto es una prerrogativa del programador. No obstante, cualquiera sea la decisión, conviene postergar esta tareas hasta el final, una vez que el programa esté funcionado correctamente.

7) Verificar el código escrito.

Antes de correr el programa por primera vez hay que revisar que no tenga una serie de errores comunes. Es común cometer errores "ortográficos" en los comandos, como por ejemplo:

lenght (x) en vez de length(x)

sen(x) en vez de sin(x)

Además debemos asegurarnos que no haya un paréntesis donde debe ir un corchete o viceversa. Por ejemplo:

A = (1 3 4) en vez de A = [1 3 4]

sin[x] en vez de sin(x))

Debemos asimismo verificar que las funciones comiencen con letra minúsculas. Por ejemplo:

Log(x) en vez de log(x)

Hay que tener siempre presente que Matlab es sensible a las diferencias entre las variables en minúsculas y mayúsculas (en inglés se dice que es "case-sensitive").

Por último, debemos confirmar que se hayan entrado todos los datos necesarios para el programa.

8) Correr el programa por partes, a medida que se escribe.

No es aconsejable escribir el programa completo y luego intentar correrlo, especialmente si el programa es complejo. Esto solo va a causar frustraciones porque casi siempre tendrá errores (luego de 20 años usando Matlab a quien escribe esto le ocurre siempre). Lo aconsejable es entonces escribir sólo un parte del programa y correrlo para encontrar los posibles errores más fácilmente (incluso puede convenir correr el programa solo con los datos y verificarlos). Por ejemplo, una vez que se han ingresado todos los datos que requiere el problema conviene ya correr el programa.

9) Verificar que los resultados sean correctos.

Una vez que el programa completo termina de correr sin errores, es imprescindible verificar la solución comparándola con la de un caso sencillo o con un caso particular que se pueda resolver "a mano", o bien comparar los resultados con una solución disponible en un libro. Aunque debería ser obvio, hay que enfatizar el hecho de que si el programa termine sin errores, de ninguna manera implica que esté correcto.

10) "Vectorizar" el programa para hacerlo más eficiente.

Como último paso podemos intentar "vectorizar" el programa para hacerlo más eficiente. Este paso no es estrictamente necesario, pero si por ejemplo, logramos remplazar los lazos (o "loops") for por operaciones que involucren productos y sumas de vectores y matrices, lograremos que el programa corra más rápido y que sea más compacto. En programas sencillos y cortos esto no hace mucha diferencia, pero sí cuando se maneja una gran cantidad de datos. También en esta etapa podemos mejorar la impresión de los resultados (colocando formatos específicos, carteles, etc.)

Por ejemplo, el lazo "`for`" que usamos en el paso **4)** se puede remplazar por el siguiente comando que hace lo mismo pero de manera más eficiente:

```
den = sum (a.*yi)
```

10.3 PROGRAMAS PARA RESOLVER LOS PROBLEMAS SUGERIDOS

A continuación se presentan unos posibles programas para resolver los problemas enunciados al comienzo de capítulo en la Sección 10.1. No se ha intentado optimizar los códigos ni presentar los resultados de la manera más elegante posible.

Código para resolver el Ejemplo 1:

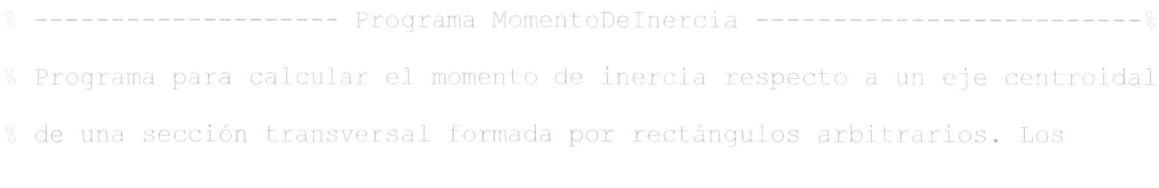

Ejemplos de Programación

```matlab
% rectángulos deben ser perpendiculares al eje centroidal. El usuario debe
% ingresar las bases b de cada rectángulo, sus respectivas alturas en h, y
% la coordenada vertical de los centroides de cada figura respecto á un eje
% de referencia horizontal. Se deben usar unidades coherentes (el programa
% no cambia unidades).

clc; clear all, close all

% ---------------------- Datos de entrada -------------------------%

b  = [3 14 8 3];            % bases de cada uno de los rectángulos
h  = [16 4 4 16];           % alturas de cada uno de los rectángulos
yi = [8 18 10 8];           % ordenadas de los centroides de los rectángulos

% ---------------------- Cálculo del área total -------------------------%

At = sum( b.*h );

% ----------------- Cálculo de la ordenada del centroide ----------------%

yc = sum( b.* h.* yi ) / At;

% ----------------- Cálculo del momento de inercia total ----------------%

It = sum( b.*h.^3/12 + b.*h.*(yi-yc).^2 );

disp(['**** Bases de los rectángulos: ',num2str(b)]); disp(' ')
disp(['**** Alturas de los rectángulos: ',num2str(h)]); disp(' ')
disp(['**** Ordenadas de los respectivos centroides: ',num2str(b)]); disp(' ')
disp(['**** El área total es: ',num2str(At)]); disp(' ')
disp(['**** La ordenada del centroide es: ',num2str(yc)]); disp(' ')
disp(['**** El momento de inercia centroidal es: ',num2str(It)]); disp(' ')
```

Código para resolver el Ejemplo 2:

```matlab
% --------------------- Programa SumaDeVectores -------------------------%
% Programa para sumar dos vectores concurrentes planos y graficar los dos
% vectores y el vector resultante. El usuario debe proveer las coordenadas
% X, Y del extremo del primer vector (A) y del segundo vector (B). El origen
% de los dos vectores está en el origen del sistema de coordenadas (0,0).

clc; clear all, close all

% ----------------------- Datos de entrada ------------------------------%

A = [-2.3 1.5];         % coordenadas x, y del extremo del primer vector
B = [ 5.0 2.2];         % coordenadas x, y del extremo del segundo vector

R = A + B;              % vector resultante

figure;
plot( [0,A(1)],[0,A(2)], [0,B(1)],[0,B(2)], [0,R(1)],[0,R(2)], [A(1),R(1)],...
     [A(2),R(2)],'k--s',[B(1),R(1)],[B(2),R(2)],'k--s','LineWidth',2);
grid on; title('Suma de vectores concurrentes')

disp(['**** Coordenadas del punto final del primer vector: ',num2str(A)]);
disp(' ')
disp(['**** Coordenadas del punto final del segundo vector: ',num2str(B)]);
disp(' ')
disp(['**** Vector resultante: ',num2str(R)])
```

Código para resolver el Ejemplo 3:

```matlab
% --------------------- Programa DiagVigaSimple -------------------------%
% Programa para graficar la deflexión y el diagrama de momento flector
% en una viga simplemente soportada con carga distribuida uniforme sobre la
```

Ejemplos de Programación

```matlab
% mitad izquierda de la estructura. El programa calcula las máximas
% respuestas en ambos casos. El usuario debe ingresar el módulo de
% elasticidad (E en ksi), el momento de inercia (I en in^4), la longitud
% total L (en ft) y la carga distribuida (q en k/ft). El programa cambia
% internamente las unidades.

clc; clear all; close all

% ---------------------- Datos de entrada ------------------------------%

E = 3600                    % módulo de elasticidad en ksi
I = 1440                    % momento de inercia en in^4
L = 20                      % longitud en pies
q = 6                       % carga uniforme en k/ft

% ---------------- Cálculo y gráfico de la deflexión -------------------%

EI = E*I/144;               % cambio de la rigidez flexional a k.ft^2
C  = q/(384*EI);            % constante auxiliar para definir w(x)

dx = L/50;                  % distancia entre los ptos. del eje X
xi = 0 : dx : L/2;          % eje X para 0 < x < L/2
xd = L/2 : dx : L;          % eje X para L/2 < x < L

wizq = C*(-9*L^3*xi +24*L*xi.^3 -16.*xi.^4);     % deflexión a la izquierda
wder = C*(L^4-17*L^3*xd+ 24*L^2*xd.^2-8*L*xd.^3);% deflexión a la derecha

[wmax1,im1] = max( abs(wizq) );      % máx. deflexión en tramo izquierdo
[wmax2,im2] = max( abs(wder) );      % máx. deflexión en tramo derecho

if wmax1 >= wmax2
    wmax = -wmax1/12;                % máx. deflexión en tramo izquierdo
    xmax = xi(im1);                  % posición x de la máxima deflexión
```

Ejemplos de Programación

```matlab
else
    wmax = -wmax2/12;                          % máx. deflexión en tramo derecho
    xmax = xd(im2);                            % posición x de la máxima deflexión
end

figure; plot( xmax,wmax,'o', xi,wizq/12, xd,wder/12,'LineWidth',2 ); grid on
ylabel('Deflexión en pulg.'); xlabel('Distancia x en pies')
title('Deflexión de una viga con carga uniforme en mitad del tramo')
text(0.7*xmax,0.9*wmax,['w_m_a_x = ',num2str(wmax),' in'])

% -------------- Cálculo y gráfico del diagrama de momento --------------%

Mizq = q/384*(-192*xi.^2 + 144*L*xi);          % momento en el tramo izquierdo
Mder = q/384*(-48*L*xd + 48*L^2);              % momento en el tramo derecho

[Mmax1,im1] = max( abs(Mizq) );                % máx. momento en tramo izquierdo
[Mmax2,im2] = max( abs(Mder) );                % máx. momento en tramo derecho

if Mmax1 >= Mmax2
    Mmax = Mmax1;                              % máx. momento en tramo izquierdo
    xmax = xi(im1);                            % posición x del máximo momento
else
    Mmax = Mmax2;                              % máx. momento en tramo derecho
    xmax = xd(im2);                            % posición x del máximo momento
end

figure; plot( xmax,Mmax,'o', xi,Mizq, xd,Mder,'LineWidth',2 ); grid on
ylabel('Momento flector en k.ft'); xlabel('Distancia x en pies')
title('Momento flector en una viga con carga uniforme en mitad del tramo')
text(1.1*xmax,1.01*Mmax,['M_m_a_x = ',num2str(Mmax),' k.ft'])
```

10.4 EJEMPLO DE UN PROGRAMA DE ANÁLISIS MATRICIAL

En esta sección se va a presentar un ejemplo de un programa de Matlab que resuelve un problema más complicado que los que consideramos antes. Se trata de un problema de análisis estructural en donde vamos a aplicar algunos de los conceptos y comandos de Matlab para manejos de matrices que se estudiaron anteriormente. El análisis estructural es el procedimiento matemático que permite calcular las fuerzas externas e internas y los desplazamientos en una estructura. Como esta es una introducción al tema, vamos a considerar una estructura sencilla formada por una barra que sólo tiene deformaciones axiales. Aún así es posible que este tema no sea muy accesible para los lectores que no están familiarizados con el llamado "*método de rigidez*" para análisis estructural.

La barra puede tener sección transversal variable por tramos y va a ser dividida en n elementos prismáticos (vale decir, con propiedades uniformes). Los datos que se necesita entrar al programa que vamos a desarrollar son: las áreas transversales A_e, las longitudes L_e de los n elementos y el módulo de elasticidad E, el que se va a suponer que es el mismo para todas las barras. La siguiente figura muestra un ejemplo de una barra con cargas axiales formada por cuatro elementos. Las incógnitas o desconocidas del problema son los desplazamientos u_i de las juntas o nodos (los puntos donde comienza o termina un elemento). Una vez que se conocen estos desplazamientos se pueden calcular las fuerzas axiales en cada tramo de la barra.

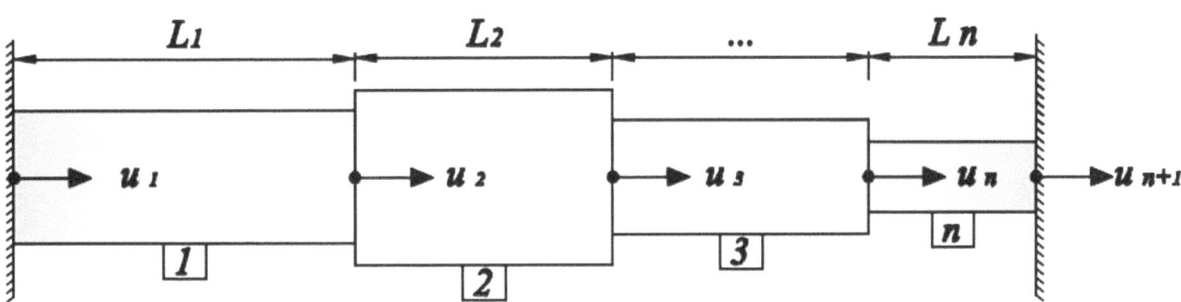

Una vez que se divide la barra completa en elementos con propiedades constantes (A_e y E), para cada uno de ellos se escribe una matriz de rigidez. Esta matriz relaciona los dos desplazamientos u_i y u_{i+1} en los extremos del elemento con las fuerzas axiales en esos mismos puntos. La matriz de rigidez de un elemento genérico [e] de una barra con dos juntas y que tiene únicamente deformaciones axiales tiene la forma:

$$[K_e] = \begin{bmatrix} k_e & -k_e \\ -k_e & k_e \end{bmatrix} \qquad (1)$$

donde k_e es el coeficiente de rigidez del elemento [e]:

$$k_e = \frac{A_e E}{L_e} \tag{2}$$

y A_e, E y L_e son, respectivamente el área transversal, el módulo de elasticidad y la longitud del elemento [e]. Los grados de libertad del elemento [e] son los dos desplazamientos axiales u_i y u_{i+1} de los nodos izquierdo y derecho respectivamente. Las direcciones positivas se muestran en la siguiente figura.

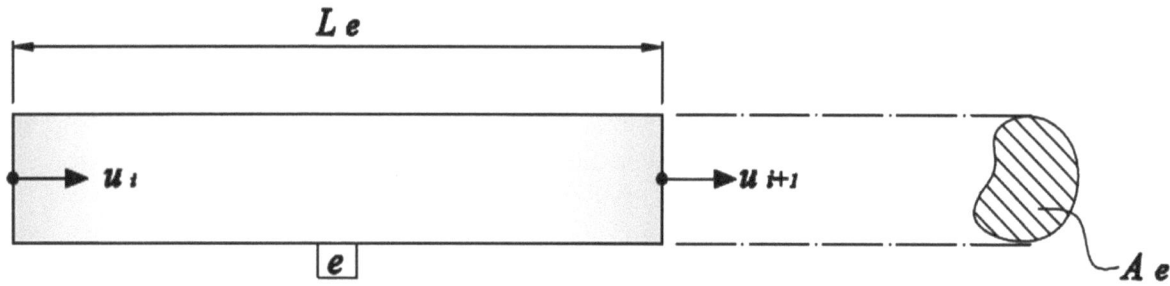

Si *dentro* de los elementos actuasen fuerzas externas, habría que definir un vector de fuerzas $\{F_e\}$ con dos filas para cada elemento que contiene R_1 y R_2: las llamadas reacciones fijas (o de empotramiento) con signo cambiado.

$$\{F_e\} = \begin{Bmatrix} R_1 \\ R_2 \end{Bmatrix} \tag{3}$$

Por ejemplo, si hubiese una fuerza concentrada P aplicada en la mitad de la barras, las reacciones fijas serían $R_1 = P/2$; $R_2 = P/2$. En este caso habría que ensamblar cada vector $\{F_e\}$ en el vector de fuerzas en el lado derecho del sistema de ecuaciones (4) que aparece más adelante. Por simplicidad, vamos a suponer que sólo hay fuerzas externas aplicadas en los nodos de los elementos, por lo que en tal caso los vectores $\{F_e\}$ son todos cero. Vamos a suponer que las fuerzas externas en todas las juntas son un dato y que se guardan en un vector columna $\{P_t\}$.

Entrada de datos:

El usuario debe ingresar la siguiente información: módulo de elasticidad, áreas transversales de todos los elementos que forman la barra completa, las longitudes de estos elementos, y las fuerzas en todos los nodos o juntas, incluyendo las juntas restringidas. Cuando una junta está restringida (porque hay una pared), la fuerza actuante allí es la reacción de apoyo (que no se conoce por ahora), pero vamos a pedirle al usuario que en estos casos ingrese un cero como fuerza en esa junta. Podemos requerir que el usuario entre los datos en unidades consistentes (por ejemplo, en el sistema SI, en kN y metros; o en el sistema inglés en kip y pulg; o en kip y pies).

Ejemplos de Programación

Alternativamente, el programa puede cambiar las unidades. En este ejemplo, vamos a pedir al usuario que ingrese el módulo E en ksi, las áreas A en in^2 y las longitudes L en pies, que son las unidades en las que normalmente se definen estas cantidades.

```
E   = 3600;                    % módulo de elasticidad: ksi
A   = [16 25 12 9];            % áreas transversales de cada tramo: in^2
L   = [10 8 11 10];            % longitud de cada tramo: ft
Pt  = [0; 0; 14; 3; 0];        % fuerzas externas en todas las juntas: k
u10 = [0 1];                   % 0 = desplazam. cero; 1 = desplazam. no restringido

n   = length(L);               % número de elementos
```

El significado del vector `u10` se explicará más adelante, cuando se discuta la aplicación de las condiciones de borde (o condiciones de apoyo).

Nótese que luego del ingreso de los datos el programa calcula el número de elementos que forman la barra completa (el que debe ser igual a la cantidad de valores en el vector L, o en el vector A).

Por último, el usuario puede ingresar los datos en los vectores A y L ya sea por filas (como se muestra en el ejemplo anterior) o por columnas (en cuyo caso los valores numéricos debe estar separados por un punto y coma (;). En teoría, es irrelevante cómo se entran estos datos, pero es conveniente que se use una de las dos maneras para **ambos** vectores. La razón es que luego los vamos a dividir elemento a elemento, y si ambos no son vectores filas o vectores columnas, vamos a tener problemas.

Las fuerzas en los nodos en el vector Pt se ingresan por filas. La razón es que para resolver el sistema de ecuaciones [K]{u} = {P} (lo que se explica más adelante) el vector en el lado derecho *debe* ser un vector columna.

Ensamblaje de la matriz de rigidez y vector de fuerzas nodales:

Dijimos que la barra completa está formada por n elementos. Al ensamblar las n matrices de rigidez se obtiene la matriz de rigidez total $[K_t]$ de dimensiones (n+1 × n+1). El vector (n+1×1) en el lado derecho resulta de sumar (ensamblar) los vectores $\{Fe\}$ de cada elemento al vector con las fuerzas externas en las juntas (que es un dato). Se obtiene así el siguiente sistema de ecuaciones:

Ejemplos de Programación

$$\begin{bmatrix} k_1 & -k_1 & 0 & 0 & \vdots & 0 & 0 \\ -k_1 & k_1+k_2 & -k_2 & 0 & \vdots & 0 & 0 \\ 0 & -k_2 & k_2+k_3 & -k_3 & \vdots & 0 & 0 \\ 0 & 0 & -k_3 & k_3+k_4 & \vdots & 0 & 0 \\ \cdots & \cdots & \cdots & \cdots & \ddots & \cdots & \cdots \\ 0 & 0 & 0 & 0 & \vdots & k_n+k_{n+1} & -k_{n+1} \\ 0 & 0 & 0 & 0 & \vdots & -k_{n+1} & k_{n+1} \end{bmatrix} \begin{Bmatrix} u_1 \\ u_2 \\ u_3 \\ u_4 \\ \vdots \\ u_n \\ u_{n+1} \end{Bmatrix} = \begin{Bmatrix} P_1 \\ P_2 \\ P_3 \\ P_4 \\ \vdots \\ P_n \\ P_{n+1} \end{Bmatrix} \quad (4)$$

Para programar el ensamblaje usaremos el índice e y el índice $e+1$, donde e es el número de la fila (o columna) de $[K_t]$ y también el número del elemento que estamos ensamblando. Nótese que el índice e debe ir de 1 a n para que el máximo valor sea $n+1$. En estas estructuras el número total de juntas o nodos (y el de filas y columnas de la matriz de rigidez total) es siempre $n+1$.

Para ensamblar el elemento $[e]$ que va de la junta e a la $e+1$, construimos primero la matriz de cada elemento e inmediatamente la ensamblamos. Las áreas transversales de cada uno de los n elementos están guardadas en el vector A de Matlab y las longitudes en el vector L. Con estos vectores y el módulo de elasticidad E creamos otro vector k que contiene los coeficientes de rigidez definidos en la Ec. (2). Para esto usamos la división elemento-a-elemento porque queremos dividir cada elemento del vector A por el respectivo del vector L:

```
k = A*E. / L;
```

Si los vectores A y L no son del mismo tipo (ambos fila o ambos columna), Matlab nos dará un error al tratar de hacer la división de sus elementos (con los símbolos ./). En este ejemplo, con los datos dados, k es un vector fila.

Luego vamos a crear la matriz de rigidez total (la llamaremos Kt) y la vamos a llenar de ceros. Se recuerda que la matriz tiene $n+1$ filas y columnas:

```
Kt = zeros(n+1,n+1);
```

Ahora comenzamos el proceso de ensamblaje. Para esto usamos un lazo "`for`" con la variable e como índice. Primero creamos la matriz de rigidez del elemento bajo consideración (la llamamos `Ke`) y luego la colocamos en la matriz de rigidez total en las dos filas y columnas apropiadas. O sea que la primera vez vamos a guardar `Ke` en `Kt(1:2,1:2)`, la segunda matriz `Ke` la vamos a sumar a lo que haya en `Kt(2:3,2:3)`, etc., hasta que hayan creado y ensamblado las n matrices `Ke` de todos los elementos.

Ejemplos de Programación

```
for e = 1 : n
   Ke = k(e) * [1 -1 ; -1 1];
   Kt(e:e+1, e:e+1) = Kt(e:e+1, e:e+1) + Ke;
end
```

Nótese que la razón por la cual debemos primero inicializar con ceros la matriz `Kt` es porque de otra manera la primera vez que se ejecuta el lazo `for` (cuando $e = 1$) no estaría definida la matriz `Kt(e:e+1,e:e+1)` en el lado derecho, y nos daría un error. Si hubiese vectores de fuerza nodales de los elementos (debido a cargas distribuidas o dentro de los elementos), habría que agregar dentro del lazo anterior la sentencia:

```
Pt(e: e+1) = Pt(e: e+1) + Fe;
```

y deberíamos definir antes el vector `Fe` de 2 x 1 y también inicializar `Pt` (vale decir, crear un vector columna con $n+1$ ceros).

Aplicación de las condiciones de borde o de apoyo:

El siguiente paso es aplicar las condiciones de borde o de apoyo. En esta estructura simple sólo hay tres posibilidades:

1) El extremo izquierdo de la barra está fijo y el derecho libre, en cuyo caso los desplazamientos de los dos extremos son:

$$u_1 = 0 \quad ; \quad u_{n+1} = \text{desconocido}$$

2) El extremo derecho de la barra está fijo y el izquierdo libre, en cuyo caso se debe cumplir que:

$$u_1 = \text{desconocido} \quad ; \quad u_{n+1} = 0$$

3) Ambos extremos están fijos, y por lo tanto:

$$u_1 = 0 \quad ; \quad u_{n+1} = 0$$

También podría darse el caso de que u_1 o u_{n+1} (o ambos a la vez) tengan valores conocidos, como ocurriría si hubiese un "asentamiento" (un movimiento) de apoyo. Por simplicidad, no vamos a considerar este caso aquí.

Ejemplos de Programación

Dependiendo de cada caso, debemos eliminar en la Ec. (4):

1) la primera fila y columna de *Kt* y la primera fila del vector *Pt*;

2) la última fila y columna de *Kt* y la última fila del vector *Pt*;

3) la primera y última fila y columna de *Kt* y la primera y última fila del vector *Pt*.

Para programar esto vamos a usar el siguiente índice para determinar la condición de borde de los grados de libertad de los extremos:

$$1 = \text{libre} \quad ; \quad 0 = \text{restringido}$$

Vamos a definir un vector u10 donde el usuario debe guardar los dos índices anteriores para la primera y última junta. Este vector se ingresó luego de los datos de la barra (E, A y L). Por ejemplo, si la barra está fija en el extremo izquierdo, el vector u10 que debe entrar el usuario es:

```
u10 = [0 1]
```

Si la barra está fija en el extremo izquierdo, el sistema de ecuaciones (4) se reduce a:

$$\begin{bmatrix} k_1+k_2 & -k_2 & 0 & \vdots & 0 & 0 \\ -k_2 & k_2+k_3 & -k_3 & \vdots & 0 & 0 \\ 0 & -k_3 & k_3+k_4 & \ddots & 0 & 0 \\ \cdots & \cdots & \cdots & \vdots & \cdots & \cdots \\ 0 & 0 & 0 & \vdots & k_n+k_{n+1} & -k_{n+1} \\ 0 & 0 & 0 & \vdots & -k_{n+1} & k_{n+1} \end{bmatrix} \begin{Bmatrix} u_2 \\ u_3 \\ u_4 \\ \vdots \\ u_n \\ u_{n+1} \end{Bmatrix} = \begin{Bmatrix} P_2 \\ P_3 \\ P_4 \\ \vdots \\ P_n \\ P_{n+1} \end{Bmatrix} \quad (5)$$

Aplicar las condiciones de borde en MATLAB es sencillo (al menos para esta estructura simple). Hay varias maneras de hacerlo, unas más sofisticadas que otras. Vamos a ver tres maneras de hacer esto.

I) Por ejemplo, podríamos eliminar las filas y columnas requeridas de la matriz Kt y las filas de Pt usando el vector u10. Llamemos ngl al número de grados de libertad (o sea al número de desplazamientos desconocidos). Inicialmente ngl se coloca igual al número de juntas, vale decir *n*+1.

Ejemplos de Programación

```matlab
    ngl = n+1;
    if u10(1) == 0              % Si el lado izquierdo de la barra está empotrado,
        Kt(:,1) = [ ];          % se elimina la primera columna de la matriz [Kt] y
        Kt(1,:) = [ ];          % se elimina la primera fila.
        Pt(1) = [ ];            % Además se elimina la primera fila del vector {Pt}.
        ngl = ngl -1;           % El nro. de grados de libertad se reduce en 1.
    end

    if u10(2) == 0              % Si el lado derecho de la barra está empotrado
        Kt(:,ngl) = [ ];        % se elimina la última columna de la matriz de [Kt] y
        Kt(ngl,:) = [];         % se elimina la última fila.
        Pt(ngl) = [ ];          % Además se elimina la última fila del vector {Pt}.
        ngl = ngl - 1;          % El nro. de grados de libertad se reduce otra vez en 1
    end
```

II) Otra manera de aplicar las condiciones de borde es la siguiente. Si queremos preservar la matriz original `Kt` podemos crear una nueva matriz `K` y un nuevo vector `P` que contiene la matriz y el vector que resultan de eliminar filas y columnas. Para esto hacemos lo siguiente:

```matlab
    if u10 == [0 0]             % Si ambos extremos están empotrados,
        K = Kt(2:n,2:n);        % se copia la matriz [Kt] sin la 1ra y última fila
        P = Pt(2:n);            % y se copia el vector {Pt} sin las filas 1 y n+1.
    elseif u10 == [0 1]         % Si solo el lado izquierdo está empotrado,
        K = Kt(2:n+1,2:n+1);    % se copia la matriz [Kt] sin la primera fila
        P = Pt(2:n+1);          % y se copia el vector {Pt} sin la fila 1 solamente.
    else                        % La otra opción es que el lado derecho esté empotrado
        K = Kt(1:n,1:n);        % se copia la matriz [Kt] sin la última (n+1) fila
        P = Pt(1:n);            % y se copia el vector {Pt} sin la fila n+1.
    end
```

III) La tercera forma de aplicar las condiciones de borde se basa en crear un vector fila (`idesc`) que contiene los índices de los grados de libertad no restringidos. Primero se crea un vector

Ejemplos de Programación

(`inodo`) con todos los índices de 1 a *n*+1 y luego se le colocan ceros a los elementos que corresponden a los desplazamientos restringidos. Después se recupera de este vector, aquellos elementos con índice mayor que cero (usando el comando `find(inodo)`) y se guardan en un vector `idesc`. Por último, se copian las filas y columnas correspondientes de [Kt] en un matriz [K] usando los índices guardados en `idesc`. Se hace lo mismo con el vector de carga.

```
inodo = 1 : n+1;                % se crea un vector con los índices 1, 2, 3, ..., n+1
if u10(1)== 0                   % si el lado izquierdo está restringido,
    inodo(1) = 0;               % se coloca un 0 en el 1er elemento de inodo.
end
if u10(2) == 0                  % Si el lado derecho está restringido,
    inodo(n+1) = 0;             % se coloca un 0 en el último elemento de inodo.
end
idesc = find(inodo);            % se guardan en idesc los índices de inodo que son ≠ 0.

K = Kt(idesc,idesc)             % se guardan filas y columnas de [Kt] con despl. desc.

P = Pt(idesc)                   % se guardan filas de {Pt} asociadas a los despl. desc.
```

Solución del sistema de ecuaciones:

Para resolver el sistema de ecuaciones (5) y obtener el vector $\{u\}$ tendríamos dos opciones en Matlab. Supongamos que la matriz y vector de fuerzas con las condiciones de apoyo ya aplicadas son `K` y `P`. Entonces para hallar *u* podemos usar el comando:

```
u = inv(K) * P                  % los desplazamientos se hallan invirtiendo la matriz [K]
```

Sin embargo, es mucho más eficiente usar el siguiente comando para resolver sistemas de ecuaciones simultáneas:

```
u = K \ P                       % los desplazamientos se calculan resolviendo un sistema de ecuaciones
```

Cálculo de las fuerzas axiales:

Una vez que se resuelve el sistema de ecuaciones se pueden calcular las reacciones de dos maneras. Remplazando los valores de u_1, u_2, u_3, ..., u_{n+1} en las ecuaciones (4) se recupera P_1 (y P_{n+1} si u_{n+1} =0). De esta manera también se obtienen todas las fuerzas externas en los nodos (que

Ejemplos de Programación

no nos interesan porque son un dato). Notemos que no podemos usar la Ec. (5) porque allí no aparece la primera fila donde en el lado derecho está la reacción en la pared (P_1).

Alternativamente, se pueden calcular las fuerzas Fi en las juntas de las barras remplazando los desplazamientos u_i apropiados en:

$$\begin{bmatrix} k_e & -k_e \\ -k_e & k_e \end{bmatrix} \begin{Bmatrix} u_i \\ u_{i+1} \end{Bmatrix} = \begin{Bmatrix} F_i \\ F_{i+1} \end{Bmatrix} \qquad (6)$$

La fuerza en el extremo inicial o izquierdo del elemento [1] (y la fuerza en el extremo final o derecho del elemento [n] si $u_{n+1}=0$) son las reacciones de apoyo.

La fuerza axial en cada elemento [e] se puede obtener en forma indirecta de la Ec. (6), o más fácil usando la siguiente expresión, la cual se demuestra en los cursos o textos de Análisis Matricial:

$$N_e = k_e (u_{i+1} - u_i) \qquad (7)$$

Si el valor de la fuerza N_e es positivo, la barra está en tensión, y viceversa.

Para facilitar la programación de la Ec. (6) o de la (7) es conveniente crear un vector {ut} con los $n+1$ desplazamientos, o sea un vector que incluya también los desplazamientos nulos de los apoyos. Hay varias maneras de crear este vector. Por ejemplo, podemos usar los siguientes comandos:

```
if u10(1) == 0              % Si el extremo izquierdo de la barra está fijo,
    ut = [0; u];            % coloque un 0 al comienzo del vector {ut}.
if u10(2) == 0              % Si el extremo izquierdo está empotrado,
    ut = [ut; 0];           % coloque un 0 al comienzo del vector de desplazam.
end
```

Una vez que se definió el vector {ut}, las fuerzas axiales se pueden calcular usando un lazo `for` para programar la Ec. (7):

```
for i = 1 : n
    N(i) = k(i) * ( ut(i+1) - ut(i) );
end
```

Sin embargo, siempre es más eficiente evitar el uso de lazos y en su lugar usar las capacidades para manejo matricial de Matlab. En este caso, la expresión anterior se puede remplazar por la siguiente:

```
N = k' .* ( ut(2 : n+1) - ut(1 : n) )
```

Nótese que en el comando de Matlab anterior el vector {k} ha sido transpuesto (usando la comilla simple). Esto se hizo para poder hacer el producto elemento-a-elemento (con .*): para poder hacer este productos los dos vectores no solo deben tener igual longitud sino que ambos deben ser o vectores fila o vectores columnas.

A continuación se lista el programa completo que calcula los desplazamientos y fuerzas axiales, al que se llamó `BarrasAxiales.m`. Para la aplicación de las condiciones de apoyo se usó la tercera opción de las tres propuestas. No se puso énfasis en programar una impresión elegante de los resultados.

```matlab
% -------------------- Programa BarrasAxiales.m ------------------------%
% Programa para calcular los desplazamientos y las fuerzas axiales de una %
% barra con fuerzas aplicadas en los nodos y a lo largo su eje usando el  %
% método de rigidez matricial. Se usa el sistema de unidades fps o inglés.%
% ----------------------------------------------------------------------%

clc; clear all; close all; format short g

E    = 3600;                     % módulo de elasticidad: ksi
A    = [16 25 12 9];             % áreas transversales de c/tramo: in^2
L    = [10 8 11 10];             % longitud de cada tramo: ft
Pt   = [0; 0; 14; 3; 0];         % fuerzas externas en todas las juntas: k
u10  = [0 1];                    % 0 =despl.cero; 1 =despl.no restringido

n    = length(L);                % número de elementos

disp(' ********** Datos del programa BarrasAxiales.m ************'); disp(' ')
disp(['=> Número de barras: ',num2str(n)]); disp(' ')
disp(['=> Módulo de elasticidad [ksi]: ',num2str(E)]); disp(' ')
disp('=> Áreas transversales [in^2]: '); disp(' '); disp(A)
```

Ejemplos de Programación

```matlab
disp('=> Longitudes de los tramos [ft]: '); disp(' '); disp(L)
disp('=> Fuerzas externas en las juntas [kip]: '); disp(' '); disp(Pt)
disp('=> Condiciones de borde en los dos extremos (0 =restr., 1 =libre):');
disp(' '); disp(u10)
disp(' ******************** RESULTADOS ********************'); disp(' ')

% -------------------- Ensamblaje de matriz de rigidez --------------------%

k  = A*E ./ L;                      % vector con coefs. de rigidez de c/tramo
Kt = zeros(n+1,n+1);                % crea la matriz de rigidez total [K]

for e = 1 : n

    Ke  = k(e)* [1 -1; -1 1];                % matriz de rigidez del elemento e
    Kt(e:e+1,e:e+1) = Ke + Kt(e:e+1,e:e+1);% ensambla matriz de rigidez [Ke]
    disp(['===> Elemento [',num2str(e),'] :']); disp(' ');
    disp('Matriz de rigidez [k/ft]:'); disp(' '); disp(Ke);

end

% ------------------ Aplicación de condiciones de borde ------------------%

inodo = 1 : n+1;            % crea un vector con los índices 1,2,3,…,n+1
if u10(1)== 0               % si el lado izquierdo está restringido,
    inodo(1) = 0;           % se coloca un 0 en el 1er elemento de inodo.
end

if u10(2) == 0              % Si el lado derecho está restringido,
    inodo(n+1) = 0;         % se coloca un 0 en el último elemento de inodo.
end

idesc = find(inodo);        % se guardan los índices de inodo que no son 0.
K = Kt(idesc,idesc);        % guarda filas y cols. de [Kt] con despl. desc.
P = Pt(idesc);              % guarda filas de {Pt} con despl. desconocidos.
```

```matlab
disp('**** Matriz de rigidez final :'); disp(' '); disp(K);
disp('**** Vector con cargas final :'); disp(' '); disp(P)

% ------------------ Cálculo de los desplazamientos ---------------------%

u = K \ P;                  % calcula desplaz. resolviendo el sist. de ecs.

if u10(1) == 0
    ut = [0; u];            % agrega ut(1) = 0 al vector de desplazamientos
end

if u10(2) == 0
    ut = [ut; 0];           % agrega ut(nn) = 0 al vector de desplazamientos
end

disp('**** Desplazamientos de todas las juntas [ft]:'); disp(' '); disp(u)
disp('**** Desplazamientos de todas las juntas [in]:'); disp(' '); disp(12*u)

% ------------------ Cálculo de las fuerzas axiales ---------------------%

N = k' .* ( ut(2 : n+1) - ut(1 : n) );

disp('**** Fuerzas axiales en los elementos [kip]:'); disp(' '); disp(N)
```

ÍNDICE

, 7
; 7
´ 8
* 12
/, 21
^, 51
. 19
( ), 9
>, 26
<=, 26
&, 74
\, 54
:, 32
[ ], 34
|, 74
<, 74
>, 74
< =, 74
> =, 74
= =, 74
~ =, 74

abs, 23
acos, 24
acosd, 24
asind, 24
ans, 2
asin, 24
atan, 25
atand, 25
bar, 96
break, 80
case, 78
chirp, 107
clc, 68
clear, 68
clf, 68
close, 68
close all, 68
colormap, 101
Command Window, 3
concatenación, 25
cos, 24

cosd, 24

cosh, 24

cotan, 24

cumprod, 31

cumsum, 30

Current Folder, 4

datestr, 73

det, 52

diag, 42

disp, 70

dot product, 17

dyadic product, 16

eig, 55

eigs, 57

else, 76

elseif, 76

elimc, 62

eps, 66

exist, 111

exp, 23

expm, 52

eye, 40

figure, 85

fclose, 127

fill, 96

find, 26

fliplr, 28

flipud, 27

fopen, 126

for, 81

fprintf, 124

fread, 129

fscanf, 129

fzero, 138

grid on, 86

gong, 107

handel, 107

help, 69

i, 66

if, 76

Índice, 31

inf, 21

inner product, 17

input, 77

int2str, 73

inv, 53

laughter, 107

legend, 88

length, 29

linearsolve, 54

LineWidth, 91

linspace, 9

load, 108

log, 23

Índice

loglog, 95
lookfor, 69
j, 66
keyboard, 80
MarkerSize, 92
max, 29
mean, 29
menu, 116
mesh, 99
meshc, 99
meshgrid, 98
min, 29
mldivide, 54
NaN, 66
norm, 30
num2str, 72
ones, 41
otherwise, 78
patch, 96
pause, 80
pi, 66
plotyy, 96
plot, 85
plot3, 96
polar, 96
prod, 30
rand, 42

reshape, 64
roots, 136
save, 117
semilogx, 95
semilogy, 95
shading interp, 101
sin, 24
sind, 24
sinh, 24
size, 63
sort, 27
sound, 108
splat, 107
sqrt, 25
stairs, 95
std, 30
stem, 95
subplot, 93
surf, 100
sum, 30
switch, 78
tan, 24
tand, 24
tic, 73
title, 88
toc, 73
train, 108

Índice

transpose, 44

uno-a-uno, 19

wavplay, 108

while, 81

who, 71

whos, 71

xlsread, 132

xlswrite, 134

xlabel, 86

ylabel, 86

zeros, 42

zlabel, 97

INFORMACIÓN SOBRE EL AUTOR

El Dr. Luis Edgardo Suárez se desempeña actualmente como profesor titular (catedrático) en el Departamento de Ingeniería Civil y Agrimensura de la Universidad de Puerto Rico, Recinto Universitario de Mayagüez (UPR-RUM). En este departamento dicta cursos de pregrado, maestría y doctorado en el área de Análisis Estructural, Mecánica Aplicada, Dinámica de Estructuras y Dinámica de Suelos. Además de las actividades docentes, el Dr. Suárez trabaja en investigación en las áreas de dinámica estructural, ingeniería de terremotos, dinámica de suelos y métodos computacionales. Como resultado de su trabajo, ha publicado más de 50 artículos en revistas técnicas internacionales con arbitraje y en más de 90 congresos técnicos, además de varios reportes técnicos. El Prof. Suárez se graduó como el mejor de su clase en la Universidad Nacional de Córdoba, Argentina, en 1981 con un diploma en Ingeniería Mecánica y Eléctrica. Luego de trabajar como instructor por dos años en la misma universidad, recibió su grado de maestría en 1984 y su grado doctoral en 1986, ambos en Mecánica Aplicada del Departamento de Ciencias de la Ingeniería y Mecánica Aplicada (Engineering Science & Mechanics, ESM) en Virginia Polytechnic Institute and State University (Virginia Tech). Su disertación doctoral consistió en el análisis sísmico de equipos mecánicos y componentes no estructurales de edificios. El Dr. Suárez se unió a la Universidad de Puerto Rico en 1989 como Profesor Asistente en el Departamento de Ingeniería General. Anteriormente trabajó como Profesor Asistente en el Departamento ESM en Virginia Tech y como profesor de postgrado en el Departamento de Estructuras de la Universidad de Córdoba. El Dr. Suárez se ha distinguido como profesor e investigador. Fue seleccionado entre los 20 mejores profesores en enseñanza del Colegio de Ingeniería en Virginia Tech. Recibió el "Ph. D. Research Award" del Capítulo de VPI de Sigma Xi, una "Cunningham Fellowship" de VPI, el "PR-EPSCoR Productivity Award" por dos años consecutivos, dos "Tau Beta Award" por excelencia en la enseñanza. El Dr. Suárez aparece listado en varias publicaciones de referencia como por ejemplo: "Who's Who in Science & Engineering", "Who's Who in American Education", "Who's Who in American Education", "Who's Who Among America's Teachers", y "Who's Who Among Hispanic Engineers". Fue seleccionado como uno de los seis Profesores Distinguidos del Colegio de Ingeniería de la UPR-M en los años 1994, 1996 y 1999, 2005 y 2007. El Prof. Suárez ha supervisado proyectos de investigación para el "US Army Research Office", la "National Science Foundation", el "US Corps of Engineers", NASA, la "Federal Emergency Management Agency", el "National Center for Earthquake Engineering Research" y el "U.S. Geological Service" y agencias locales de Puerto Rico. Además es editor de la Revista Internacional de Infraestructura Civil, Accidentes y Desastres y miembro de las Junta Editorial de "Journal of Vibration and Control" y otras. Es revisor de artículos técnicos para dieciocho revistas técnicas internacionales y es miembros de once sociedades científicas y profesionales, entre ellas la ASCE, ASME, AIAA, EERI, Sigma Xi y Tau-Beta-Pi.

www.ingramcontent.com/pod-product-compliance
Lightning Source LLC
Chambersburg PA
CBHW050713180526
45159CB00003B/1018